Roger Sperry · Naturwissenschaft und Wertentscheidung

Roger Sperry

NATURWISSENSCHAFT UND WERTENTSCHEIDUNG

**Aus dem Amerikanischen
von Juliane Gräbener**

**Piper
München Zürich**

Die Originalausgabe erschien unter dem Titel
»Science and Moral Priority« im Verlag Columbia University Press,
New York 1983

ISBN 3-492-02937-x
2. Auflage, 5.–8. Tausend 1985
© Columbia University Press, New York 1983
Deutsche Ausgabe
© R. Piper GmbH & Co. KG, München 1985
Gesetzt aus der Bembo-Antiqua
Gesamtherstellung: Clausen & Bosse, Leck
Printed in Germany

Den vielen Generationen,
die hoffentlich noch kommen werden

Vorwort

Weil er eine bestimmte Wahrheit in der objektiven Erfahrung sucht, trägt der Wissenschaftler nur selten neue Erkenntnisse zur Moralphilosophie bei. Er beackert die Felder des Wissens, ohne seinen Blick über die weite Landschaft schweifen zu lassen oder ihn in sein eigenes Inneres zu richten. In dem Bemühen, seine Verstandeskräfte auf die vor ihm liegenden Tatsachen und Aufgaben zu konzentrieren, widersteht er der Versuchung, sich auf vage Spekulationen oder hitzige Debatten einzulassen. Ein erfolgreicher Wissenschaftler muß die Fähigkeit zum disziplinierten Denken besitzen, sich einer vorurteilsfreien Forschung verschrieben haben und sich stets an Bedingungen halten, die nach allgemein anerkannten Kriterien bestimmt und gemessen werden können. Die kreative wissenschaftliche Arbeit lenkt sein geistiges Augenmerk unwillkürlich in eine so enge Gasse, daß mit der Zeit sein Wissen über Probleme des menschlichen Zusammenlebens, über Glaubensfragen und Lebensperspektiven und insbesondere über die irrationalen Quellen zwischenmenschlicher Beziehungen hinter dem seiner Mitmenschen zurückbleibt.

Und doch ist es hin und wieder ein Wissenschaftler, der unsere Selbst- und Fremdwahrnehmung ebenso ändert wie unser Weltbild. So sah sich zum Beispiel der junge Charles Darwin aufgrund seiner Gedanken über die Gesetzmäßigkeiten der Natur gezwungen, manche jener Werte in Frage zu stellen, die bei Männern, die er bewunderte, und bei ihm nahestehenden Verwandten tiefverwurzelt waren. Unter seinen Arbeiten aus der Zeit, als er schon ein begeisterter Naturforscher geworden war, gab es einige, die äußerst spezialisiert, ja im Detail sogar pedantisch waren: Ein enzyklopädisches Werk über Rankenfußkrebse trieb ihn in die Einsamkeit. Aber er war im Begriff, eine noch nicht entschlüsselte Botschaft in der Natur zu entziffern, und so setzte er seine Untersuchungen an Orchideen und Honigbienen, Vulkanen und Fossilien fort; ein halbes Jahrhundert forschte und kämpfte er, um die Botschaft zu deuten – bis er schließlich der am meisten diskutierte Denker seiner Zeit wurde.

In seiner höchsten Form kann der wissenschaftliche Glaube an die Natur sogar zu einer geistigen Einsicht führen, die der Bigotterie und dem Aberglauben des herkömmlichen Lehrsystems standzuhalten vermag. Einstein schrieb über ein kosmisches, religiöses Gefühl, das aus mystischer Offenbarung und einer äußerst exakten Betrachtung der komplizierten Ordnung in der Natur erwächst. Er behauptete, dieses kosmische Bewußtsein könnte zu einer höheren, fortgeschritteneren Form von Religion werden, die das Gefühl für den Sinn des Lebens vertiefte, ohne die pantheistische Besänftigung der bedrohlichen Naturgewalten oder die auf den Menschen zugeschnittenen religiösen Regeln zu ersetzen, die normalerweise die Einsamkeit und die Angst vor Unglück und Not zu lindern vermögen.

Roger Sperrys wissenschaftliche Arbeit, die sich hauptsächlich auf Geheimnisse im Wesen des Menschen konzentriert, ist von der beharrlichen Suche nach einer Lösung für eins der größten Rätsel der Natur bestimmt, nämlich den Zusammenhang zwischen Verstand und Gehirn. Wie Darwin und Einstein ist er durch seine Beschäftigung mit der Naturwissenschaft zu einer anderen religiösen Weltsicht und einer religiösen Philosophie gelangt, die die kosmische Ordnung der sich entfaltenden Natur als etwas betrachtet, das die näherliegenden und individuellen Werte und Bedürfnisse der Menschen transzendiert, ohne sie jedoch auszuschließen. Er hat erkannt, daß die heutige Hirn-Seelen-Forschung einen Bezugsrahmen für moralische Werte bereitstellt, in dem die menschliche Psyche zwar die wichtigste, alles überragende Determinante der Natur, nicht aber das Maß aller Dinge ist. Seine Argumentation verlangt, daß »gottähnlichere Sichtweisen«, die die gesamte Schöpfung einbeziehen, überall da vor den sonst zwingenden humanitären Verhaltensgrundregeln rangieren sollen, wo die beiden im Widerstreit stehen. Sperrys Beiträge zur begrifflichen Erfassung von Gehirn und Geist erfordern einen Wandel in der grundlegenden Wissenschaftsphilosophie. An die Stelle des klassischen, mechanischen Determinismus, der die Wissenschaft des 20. Jahrhunderts prägt, tritt eine neue Philosophie, in der die höchsten und am weitesten entwickelten Erscheinungsformen der Natur kausale Kontrolle über das Schicksal von Entitäten auf niedrigeren Stufen erlangen. Dieses Konzept einer kausalen Wirkkraft im Bewußtsein, die alle Einzelbefehle für die verschiedenen Gehirnfunktionen nach unten zu beeinflussen vermag, und die damit verbundene Theorie, daß in unserer geistigen Struktur angelegte Werte die Schlüsseldeterminanten in jedem Entscheidungsprozeß und ein natürlicher Gegenstand sowohl der naturwissenschaftlichen als auch der philosophischen Untersuchung sind, bilden den Kern von Sperrys Argumentation.

Seine philosophische Botschaft ist fest verwurzelt in einer meisterhaften Kenntnis der Vorgänge im Gehirn, angefangen bei seinem Wachstum im Embryo. In ersten Experimenten zur Plastizität und entwicklungsbedingten Spezialisierung von Schaltungen im Gehirn, die dem damals noch nicht Vierzigjährigen einige Berühmtheit einbrachten, zeigte Sperry Schritt für Schritt, daß bei jeder Hauptverknüpfungsart im Gehirn die sie kennzeichnende Struktur aus dem Entwicklungsprozeß heraus determiniert sein könnte. Daraus zog er den Schluß, daß Erfahrungsmuster oder die Anordnung von Umweltreizen für den Grundbauplan dieser Entwicklung ohne Bedeutung waren. Die unmittelbare Umgebung war nicht, wie Pawlows Reflexphysiologie und Watsons Behaviorismus unterstellt hatten, die einzige Informationsquelle für die komplexeren geistigen Funktionen. Die chirurgischen und experimentellen Techniken und die Strategie der Interventionen, mit denen Sperry die Bildung zentralnervöser Schaltungen untersuchte, waren brillant und wiesen ihm eine einzigartige Führungsposition innerhalb der damals noch kleinen Gruppe von Wissenschaftlern zu, die nach einer biologischen Erklärung psychischer Prozesse suchten.

Es war seine Arbeit über das chirurgisch durchtrennte Gehirn, die ihn zu einer direkten Auseinandersetzung mit der schöpferischen Kraft des Bewußtseins führte. Psychologische Untersuchungen an »Split-Brain«-Tieren, die Sperry in den frühen fünfziger Jahren mit Ronald Myers in Chicago begonnen und mit einer weiteren Generation von Doktoranden und anderen Mitarbeitern am California Institute of Technology fortgeführt hatte, wiesen den Weg zu aufsehenerregenden Entdeckungen an Menschen, die sich zur Behandlung einer unheilbaren Epilepsie ähnlichen operativen Eingriffen unterzogen hatten. Die Befunde über einen merkwürdig gespaltenen Geisteszustand, in dem in einem einzigen Schädel vielleicht zwei verschiedene Bewußtseine einträchtig nebeneinander existieren, haben bei Philosophen reges Interesse geweckt und ein neues, weites Forschungsgebiet eröffnet. Sie haben Psychologen und Neurologen veranlaßt, genauer als vorher die Beziehung zwischen geistigen und zerebralen Funktionen zu untersuchen und über die Anatomie des »Selbst« nachzudenken. Obwohl die Überlegungen, die hinter Sperrys Theorie des Bewußtseins als kausaler Triebkraft in der Gehirnaktivität stehen, bereits eine bemerkenswert lange Geschichte hatten, waren diese Untersuchungen am operativ gespaltenen Geist Mitte der sechziger Jahre der Auslöser für die erste ausformulierte Darstellung und Veröffentlichung der neuen Philosophie.

Seitdem sind die Themen Bewußtsein, Gehirn und moralisch-ethische Werte immer mehr in den Mittelpunkt heißer Debatten in Fachzeitschriften der Philosophie, Psychologie, Neurobiologie und sogar der Religion gerückt. Einige Hirnforscher haben jedoch Sperrys Erklärungsansätze, die ja eine wesentliche Verschiebung im psychologischen Denken bedeuten, zu widerlegen versucht. Obwohl seine Konzepte von Gehirn und Geist zur Erhärtung sowohl der alten dualistischen Argumente als auch der materialistischen Philosophie von der Geist-Gehirn-Identität herangezogen worden sind, möchte Sperry seine eigene Position auf keiner der beiden Seiten sehen; seiner Ansicht nach beschreibt man sie genauer als ein klar umrissenes Gedankengerüst, das genau dazwischen liegt. Unter Bezeichnungen wie »mentalistischer Monismus« oder »emergentistischer Interaktionismus« liefert es die einzig kohärente Theorie selbstgeregelter Antriebskräfte für bewußt gesteuertes Handeln und beruht auf Konzepten, die unmittelbar aus der Erforschung des Gehirns stammen. Allein aus diesem Grund sind seine Gedanken schon einzigartig. Sowohl die spekulative Philosophie als auch die wissenschaftliche Überprüfung des Beweisbaren werden in den nächsten Jahren bei ihrer Suche nach einer neuen Glaubensgrundlage nicht an den neuen Erkenntnissen dieses Buches vorbeikommen. Diese Suche muß die dem menschlichen Geist innewohnende Weisheit und Macht und seine notwendige Eignung für den Prozeß und das Ergebnis der Erfahrung anerkennen. Wenn Sperry recht hat, wird der neurobiologische Denkansatz Werte schaffen, die der Menschheit einen besseren Weg zum Überleben weisen, als den unsicheren Pfad, auf dem wir gegenwärtig wandeln.

Colwyn Trevarthen
Department of Psychology
University of Edinburgh Scotland

NATURWISSENSCHAFT
UND WERTENTSCHEIDUNG

Denn ich habe gelernt,
auf die Natur zu blicken, nicht wie in der Stunde
der gedankenlosen Jugend; sondern indem ich oft
die stille, traurige Musik der Menschlichkeit höre,
nicht mißtönend oder unangenehm, wenngleich mit genügend Kraft
zu läutern und zu dämpfen.

Wordsworth 1798

Einleitung

Gut und Böse – ein ewiges Rätsel

Im wesentlichen geht es uns hier um die Frage nach der moralischen Entscheidung, das heißt nach dem, was gut und böse oder was recht und unrecht ist. Das ist ein Problem, mit dem die Menschheit seit dem Heraufdämmern des Gewissens gerungen und für das sie bis heute noch keine befriedigende Lösung gefunden hat. George Bernhard Shaw beschreibt es in *Major Barbara* als »das Geheimnis, das alle Philosophen in Verlegenheit gesetzt hat, alle Juristen verwirrt, alle Geschäftsleute durcheinandergebracht und die meisten Künstler ruiniert hat: das Geheimnis von Recht und Unrecht«.*

Gegensätzliche Auffassungen sind die Folge von Unterschieden in den vielfältigen, einander widersprechenden Glaubenslehren und Wertsystemen verschiedener Völker und werden kaum aufzulösen sein, solange diese Unterschiede nicht ausgeglichen worden sind. Wenn ethische und moralische Werte unvereinbar aufeinanderprallen, wie und aufgrund welcher letztgültigen Normen und Kriterien entscheiden wir uns dann für eine der zur Wahl stehenden Möglichkeiten? Die Suche nach Antworten führt uns sehr bald in Problemkreise, die untrennbar mit der im Verlauf der Geschichte heiß umstrittenen Frage nach dem »Heiligsten« verbunden sind. Die Suche nach dem Schlüssel zu Recht und Unrecht wird im wesentlichen zum Streben nach dem »höchsten Gut« oder dem »höchsten Wert«. Dieses wiederum verstrickt sich unentwirrbar mit den zeitlos gültigen Fragen: Welche Stelle nimmt der Mensch in der Gesamtordnung der Dinge ein, und was ist der Sinn des Daseins?

Man kann sich fragen, warum dieses anscheinend unlösbare Pro-

---

* Zit. aus: George Bernard Shaw, *Klassische Stücke,* Suhrkamp Verlag 1962, übers. von Siegfried Trebitsch, »Major Barbara«, Dritter Akt, S. 375.

blem, das sich über Jahrhunderte hinweg jeder Analyse oder Erklärung entzogen hat, jetzt wieder auf den Tisch kommen sollte. Die Gründe dafür liegen in neuen Vorstößen der Konzeption von Gehirn und Geist und einem damit verbundenen Fortschritt unseres Verständnisses der Ursprünge und der Struktur menschlicher Wertsysteme: Entwicklungen, die die Grundvoraussetzungen für die Behandlung des Problems verändert, eine neue Sicht für die wechselseitige Beziehung zwischen Wissenschaft und Ethik eröffnet und vor allem eine neue Verständnisebene geschaffen haben, die nun neue Denkansätze und damit möglicherweise neue Antworten verlangt.

Ein auch bei allgemeiner Betrachtung sehr wichtiges Ergebnis ist das hier vorgeschlagene Heilmittel für einige ernste, weltweit aufgerissene Wunden unserer Zeit. Statt neue Energiequellen oder Wege zu einer vermehrten Nahrungsproduktion vorzuschlagen, die Umweltverschmutzung einzudämmen, unsere Städte zu restaurieren und ähnliches, setzt die hier empfohlene Therapie unmittelbar an der Wurzel, das heißt den zugrundeliegenden Ursachen an. Ausgehend von einem unlängst in der Zeitschrift *Science* erschienenen Leitartikel können wir mit der ganz offensichtlichen, aber selten publizierten Feststellung beginnen, daß »es Menschen (sind), die Energie verbrauchen. Mit weniger Menschen könnten wir den Energiebedarf senken.« Es sind auch Menschen, die Nahrungsmittel konsumieren, die Städte übervölkern, die Umwelt verschmutzen, sich in ökologischer Verwüstung üben und was dergleichen mehr ist. Solange das Bevölkerungswachstum nicht kontrolliert wird, sind andere Abhilfemaßnahmen auf lange Sicht eindeutig zum Scheitern verurteilt. Schon der bloße Gedanke an eine Kontrolle des Bevölkerungswachstums gerät aber schnurstracks in Widerspruch zu allen möglichen heiklen, jahrhundertealten ehtisch-moralischen Konventionen und provoziert eine Unmenge verworrener Pros und Contras in bezug auf die menschliche Wertordnung.

Um diese wunden Punkte, menschliche Werte und moralische Entscheidung, geht es in den vorliegenden Aufsätzen; mit ihnen müssen wir uns auseinandersetzen und auf die eine oder andere Weise fertig werden, bevor irgendeine globale Aktion Erfolg haben kann. Meine Beschäftigung mit der Werttheorie ergab sich zunächst nur indirekt als Nebenprodukt aus meiner Untersuchung der Zusammenhänge zwischen Gehirn und Geist. Aber schon bald, als die Schlüsselrolle und viele humanistische Implikationen meiner Arbeit deutlich wurden, fing die Sache an, sich umzukehren, der Schwanz sozusagen mit dem Hund zu wedeln.

Ich begann mit einer höchst komplizierten kritischen Analyse der Beziehungen zwischen Wissenschaft und Ethik sowie der Grundlagen und der Struktur von Wertordnungen. Dabei warf ich – immer vor dem Hintergrund der neuen Erkenntnisse in der Hirnforschung und der Neuropsychologie – Fragen über die impliziten Voraussetzungen, die zugrundeliegenden Kriterien und den letzten Bezugsrahmen für ethische und moralische Normen auf. Auf diesem Weg bin ich zu der festen Überzeugung gelangt, daß wir uns mit diesen emotionsbeladenen, aber entscheidend wichtigen Problemen der menschlichen Werte am besten ganz offen und in rationalen Begriffen auseinandersetzen.

Transzendieren moralische Werte die Grenzen der Vernunft?

Und das, obgleich Werte mit ihren verflochtenen Fragen nach dem, was moralisch recht und unrecht ist, sich gegen jeden Versuch einer rationalen Darstellung oder Erklärung stets notorisch resistent gezeigt haben. Die unendliche Komplexität menschlicher Werte und ihr subjektiver Charakter, ihre Relativität gegenüber sich verändernden Absichten und Zielsetzungen sowie ihre immer wieder spürbare Irrationalität und Verankerung in Intuition und Glauben schienen sich neben anderen Schwierigkeiten jedem rationalen oder wissenschaftlichen Zugriff ein für allemal zu entziehen. Sowohl die Wissenschaft als auch die Philosophie haben lange Zeit gelehrt, daß keiner unserer am höchsten geschätzten Werte irgendwann mit Hilfe der wissenschaftlichen Methode bewiesen werden kann. Es heißt, man könne ein und dieselbe Reihe wissenschaftlicher Daten dazu benutzen, zwei diametral entgegengesetzte subjektive Werte zu untermauern, und es sei logisch unmöglich, subjektive Werte aus objektiven Tatsachen herzuleiten, oder aus einer Beschreibung dessen, was tatsächlich *ist,* logisch zu folgern, was aus ethischer Sicht sein *sollte.*

Argumente dieser Art, die früher dazu dienten, Wissenschaft und Werte fein säuberlich voneinander zu trennen, sind heute weitgehend entkräftet. Neue Konzepte von Geist und Gehirn haben zu einer tiefgreifenden Veränderung des Paradigmas in den Verhaltenswissenschaften beigetragen, die als die »kognitive« oder »Bewußtseins«revolution bekanntgeworden ist und in manchen Kreisen auch die »humanistische« oder »dritte« Revolution genannt wird. Mit der Hinwendung zu einer neuen kausalen Deutung der bewußten Erfahrung hat sie lange gültige Ansichten des wissenschaftlichen Materialismus unseres Jahrhunderts über den Haufen geworfen. Die Auswirkungen dieser neuen Auffassung vom Bewußtsein durchdringen die gesamte Struktur wissenschaftlicher Erforschung der menschlichen Natur und berühren auf mannigfache Weise die rationale Beschäftigung mit moralischen Werten. Es tauchen neue Ansichten auf, die das Primat geistig-seelischer Erfahrung betonen, bisherige Deutungen des bewußten Selbst revidieren und neue Einblicke in die Beschaffenheit von Werten, die Entscheidungsfreiheit, die Überschreitung der eigenen Bewußtseinsgrenzen und die Möglichkeiten eines Lebens nach dem Tod bieten. Die Folgen reichen noch weiter in den Unterbau der Wissenschaft hinein: Sie modifizieren ihre Weltsicht und ihre Beschreibung der physischen Realität. Obwohl die Veränderungen in manchen Fällen noch im Gange oder noch zu neu sind, um eine vollständige Einschätzung zu erlauben, ist doch schon abzusehen, daß die Gesamtwirkungen unsere Werte stark beeinflussen und unser Leben in vieler Hinsicht berühren werden. Sie gelten schon jetzt als etwas, das den Wirkungskreis, das Weltbild und die humanistische Rolle der Wissenschaft verändern und die letztgültigen Kriterien für Wert und Sinn neu ansetzen.

Eine Wende im wissenschaftlichen Status des Bewußtseins

Bis in die jüngste Zeit war die Naturwissenschaft in der westlichen wie in der kommunistischen Welt von der Überzeugung beherrscht gewesen, daß der Mensch und sein Verhalten genau wie alles andere ganz und gar in streng materialistischen Begriffen, ohne Rückgriff auf irgendeine Art nichtphysischer Macht oder Wirkkraft erklärt werden können. Dazu gehörten traditionsgemäß alle nicht greifbaren Bewußtseinsphänomene wie geistige Bilder, Wahrnehmungen, Gedanken und Gefühle, Hoffnungen, Ideale und all die anderen subjektiven Erscheinungen, die die Welt des geistig-seelischen Erlebens ausmachen. Die dogmatische Ablehnung des Bewußtseins oder geistiger Kräfte als Erklärungsmodelle war in der Naturwissenschaft während der fünfziger und bis in die frühen sechziger Jahre hinein so stark gewesen, daß sich schon der Lächerlichkeit preisgab, wer bei einer ernst zu nehmenden wissenschaftlichen Zusammenkunft Wörter wie »bewußt« oder »geistig« auch nur in den Mund nahm.

Unsere neue Überzeugung von der Kausalwirkung bewußter Entitäten, die in den späten sechziger Jahren aufkam und in den siebziger Jahren buchstäblich explodierte, verleiht der Naturwissenschaft und dem, was sie verkörpert, ein neues Gesicht. Nach diesem neuen Verständnis, das die Anerkennung emergenter oder »nach unten« gerichteter Verursachung umfaßt, glauben wir nicht mehr, daß alles einschließlich der menschlichen Psyche sich im Prinzip auf Quantenmechanik reduzieren läßt. Man geht jetzt davon aus, daß die Verstandes- und Bewußtseinskräfte die der Biophysik, der Chemie und der Physiologie überbauen. Während in herkömmlicher Sicht die Naturwissenschaft ihrem Wesen nach die Tendenz zur Entmenschlichung und Vernichtung von Wert und Sinn hatte und von jedem Werturteil getrennt werden mußte, ist nun der Weg frei für einen versöhnlichen Zusammenschluß von Naturwissenschaft und wertorientierten Disziplinen. Der Grundgegensatz im Weltbild der Naturwissenschaft und der Geisteswissenschaften wird aufgelöst, während die Philosophie sich von ihrer jüngsten Hauptbeschäftigung mit der Sprache abwendet und die Ethik und das »gute Leben« als lohnende Themen wiederentdeckt.

Eine verstärkte wissenschaftliche Annäherung an die Wertproblematik wird jetzt möglich und führt immer wieder zu dem aus vielen verschiedenen Blickwinkeln bestätigten Schluß, daß die größte Hoffnung für die Welt von morgen nicht im Weltraum oder einer verbesserten Technik liegt, sondern in einer Veränderung der Wert- und Glaubenssysteme, nach denen wir leben und regieren. Zu einem weitgehend identischen Schluß gelangte man 1980 auf einer Tagung des National Council of Churches in Washington, D. C., wo – von Protestanten, Katholiken, Juden und Angehörigen anderer Glaubensgemeinschaften – übereinstimmend festgestellt wurde, daß das, was die Welt brauche, eine neue Theologie sei, die beispielsweise die Werte der Erhaltung und erneuerbarer Energiequellen unterstützt. Werte dieser Art scheinen genau das zu sein, was aus einer Verbindung der Naturwissenschaft, wie wir sie jetzt verstehen, mit Ethik und Religion hervorgehen würde.

Menschliche Werte prägen die Geschichte

Es dürfte nicht weiter überraschen, daß eine gründliche Beschäftigung mit Wertsystemen zu einer Logistik für einen weltweiten Wandel führen sollte. In ihrer unerhörten Macht, die Lebensbedingungen auf der Erde zu gestalten und über den Lauf der Geschichte zu entscheiden, können menschliche Werte gar nicht ernst genug genommen werden. Sie prägen die Entscheidungen des Menschen, die wiederum das menschliche Schicksal bestimmen. Jede Einflußnahme auf menschliche Werte ist eine potentielle Einflußnahme auf die Zukunft. Das bedeutet, daß wir, um die drohende Bevölkerungsexplosion und ihre katastrophalen Folgen abzuwenden, nicht auf einen nuklearen Holocaust, eine weltweite Hungersnot, die massive Ausrottung ganzer Arten, Maßnahmenpakete zur Erhaltung des Lebens oder ähnliches zu warten brauchen. Eine bloße Verschiebung innerhalb unserer Werthierarchie würde schon genügen. Dazu wäre nichts weiter nötig als eine relativ schmerzlose Anpassung unseres Gefühls für Gut und Böse.

Die vorliegende Argumentation soll vor allem zeigen, daß eine Synthese zwischen Naturwissenschaft und ethisch-moralischen Werten trotz bisheriger Annahmen des Gegenteils heute logisch machbar, mit humanistischen Prinzipien vereinbar und wissenschaftlich schlüssig ist. Inwieweit sie auch aus religiöser Sicht annehmbar oder sogar wünschenswert ist, bleibt abzuwarten. Der Vorschlag, Religion und Wissenschaft zusammenzubringen, ist schon oft laut geworden, hat aber in der Öffentlichkeit nie ein nennenswertes Echo gefunden. Es hätte wohl niemand zu hoffen gewagt, daß die jahrzehntealte Einstellung gegenüber diesen Bemühungen sich wandeln würde, wenn nicht, wie gesagt, die neuesten Ergebnisse auf dem Gebiet der Hirnforschung von Grund auf verändert hätten, was die Wissenschaft zu einer solchen Verbindung beitragen kann.

Ausgehend von dem, was axiomatisch als gegeben, wesenseigen oder selbstverständlich betrachtet werden kann, und aufbauend auf jener Art Realität, die von der Wissenschaft postuliert wird, legen wir hier den Entwurf eines Wertsystems vor, das eine Chance vor den Vereinten Nationen haben könnte. Die Aussichten auf eine Weltregierung sind zum großen Teil deshalb trübe geblieben, weil Menschen unterschiedlicher Glaubensrichtung, Kultur und Ideologie nicht willens sind, sich unter die Herrschaft von Werten einer entgegengesetzten

Weltanschauung zu beugen, für die ihnen der Glaube oder das Einfühlungsvermögen und oft sogar die Achtung fehlen. Dennoch gibt es einen Hoffnungsschimmer am Horizont, daß Christen, Kommunisten, Kapitalisten, Hindus, Buddhisten und all die anderen bereit sein könnten, sich über die Anerkennung und Respektierung jener Werte und Überzeugungen zu einigen, die ihre Wurzeln in der Gültigkeit und Weltsicht heutiger, nichtreduktionistischer Wissenschaft haben – und sei es nur, um einen Kompromiß und schließlich eine Weltregierung zustande zu bringen.

Die vorliegende Aufsatzsammlung, die eine sechzehnjährige Übergangsphase in der Philosophie umspannt, nimmt ihren Anfang in einer Zeit, als menschliche Werte aus der Sicht der exakten Wissenschaft noch ein verwirrendes Durcheinander in einem separaten, objektiv unzugänglichen Reich subjektiven Empfindens waren. Selbst die Philosophie zeigte damals wenig Interesse an der Wertproblematik. Meine eigenen Bemühungen, trotz aller Unzulänglichkeiten und meines Mangels an Hintergrundwissen den moralphilosophischen Implikationen unserer Wissenschaft in dieses nicht eben vielversprechende Gebiet zu folgen, wurden durch die überaus dringlich erscheinende Notwendigkeit vorangetrieben, das Verständnis für diese neuen Entwicklungen und ihre Bedeutung ins allgemeine Bewußtsein zu heben, wie unbeholfen oder geschickt mein Vorgehen auch immer sein mochte.

Das Eingangskapitel stellt in einem ersten Versuch, unsere neuen Vorstellungen von Gehirn und Geist anzuwenden, die herkömmliche Deutung der Werte als »jenseits der Wissenschaft liegend« in Frage. Im zweiten Kapitel geht es um das, was W. T. Jones (34) »die Krise der zeitgenössischen Kultur« nennt, nämlich den tiefen Widerspruch zwischen den traditionellen, humanistischen Ansichten über Mensch und Welt auf der einen und den wertfreien, mechanistischen Darstellungen der Naturwissenschaft auf der anderen Seite, eine Disparität, die ganz wesentlich für die von C. P. Snow (66) beschriebene kulturelle Kluft zwischen Natur- und Geisteswissenschaftlern verantwortlich ist. Der Vorschlag für eine vereinheitlichende Lösung sieht Korrekturen in den Deutungen der Naturwissenschaft vor. Diese wiederum eröffnen die Möglichkeit einer echten Verschmelzung von Naturwissenschaft und Ethik, deren verschiedene Aspekte und Konsequenzen wir in den übrigen Kapiteln untersuchen. Das neunte Kapitel stellt noch am ehesten eine auf den neuesten Stand gebrachte Zusammenfassung der Botschaft dieses Buches dar.

Wenn man sich auf das Territorium menschlicher Werte begibt, lernt man sehr schnell, daß es bei keinem anderen Thema so schwierig ist, Aussagen zu machen, ohne irgendwie jedermanns Empfindungen einschließlich der eigenen (wenn ich Jahre später meine früheren Schriften wieder zur Hand nehme) zu verletzen. Aber selbst wenn es heute möglich sein dürfte, den Sachverhalt ansprechender und vielschichtiger zu präsentieren, gibt es doch gute Gründe dafür, ganz am Anfang zu beginnen und die Argumente durch ihre frühen Entstehungsphasen im Originalkontext zu verfolgen.

Der Leser wird feststellen, daß die verschiedenen Denkansätze und Ideen der einzelnen Kapitel allesamt zur Entwicklung und Erhärtung einer Hauptthese beitragen, die sich nach und nach zu einer kohärenten Auffassung verdichten sollte. Mit Blick auf die Gesamtgestaltung des Bandes wurde die ursprüngliche Reihenfolge der Aufsätze leicht verändert, Titel wurden überarbeitet, Wiederholungen gestrichen, Untertitel eingeschoben und ein paar geringfügige redaktionelle Korrekturen vorgenommen, um eine flüssige Lesbarkeit zu gewährleisten. Ich hoffe, daß viele Leser die noch verbleibenden Überschneidungen bei einem solchen Thema begrüßenswert und hilfreich finden werden.

Roger Sperry
Pasadena, California
September 1981

Werte – Das Hauptproblem unserer Zeit

Und ich habe
eine Gegenwart gefühlt, die mich mit der Freude
von hohen Gedanken erregt; einen erhabenen Sinn
für etwas, das weit tiefer durchdrungen ist,
dessen Wohnung das Licht untergehender Sonnen ist,
und der runde Ozean und die lebendige Luft . . .

Wordsworth 1798

Gemessen an evolutionsgeschichtlichen Zeiträumen wurde das Leben auf unserem Planeten plötzlich und recht abrupt einer völlig neuartigen, auf den Mechanismen des menschlichen Gehirns beruhenden Form der Sicherheit und Kontrolle unterstellt. Die älteren, nichtkognitiven Kontrollinstanzen der Natur, die über Millionen und aber Millionen von Jahren hinweg die Vorgänge in unserer Biosphäre geregelt haben, jene Kräfte, die das Leben von der Stufe des Einzellers auf die des *homo sapiens* emporgehoben und den Menschen geschaffen haben, sind ihrer Aufgabe entledigt. Der moderne Mensch ist dazwischengetreten und drückt nun der Natur sein eigenes kognitives Brandzeichen weltweiter Herrschaft auf. Diese radikale Verschiebung in der Beherrschung der Biosphäre von dem gewaltigen, engmaschigen Netz vielgestaltiger und altbewährter Prüf- und Ausgleichsinstanzen der Natur zu den weitaus willkürlicheren, monistischen und verhältnismäßig wenig erprobten geistigen Fähigkeiten und Impulsen des menschlichen Gehirns ist das Hauptkennzeichen unserer Zeit.

Das Schicksal der Erde in der Hand des Menschen

Neben seinen Schwächen birgt unser jüngst errichtetes menschliches System weltweiter Regulierung aber auch ungeahnte neue Möglichkeiten, darunter die Macht, innerhalb eines Jahrzehnts Veränderungen herbeizuführen, die früher Tausende, ja Millionen von Jahren erfordert haben. Fast die gesamte Struktur der Erdoberfläche, vom einzelnen Atom bis hin zum landschaftlichen Erscheinungsbild, wird rasch zu einem Objekt, das der Mensch auseinandernehmen und nach seinen eigenen Vorstellungen wieder zusammensetzen kann. In diesem von Menschenhand gelenkten Kontrollsystem scheint ein grenzenloses Potential für einen utopischen, die ganze Erde umfassenden Fortschritt zu liegen. Diese utopischen Potentiale gilt es zu erkennen und im Auge zu behalten, wenn wir uns nun der anderen Seite der Medaille zuwenden.

Trotz der segensreichen Auswirkungen menschlicher Herrschaft über die Natur wird immer deutlicher, daß unsere Biosphäre heute als unmittelbare Folge des menschlichen Eingriffs auf eine Katastrophe zusteuert. Der über Jahrtausende hinweg Schritt für Schritt entstandene großartige Aufbau des Lebens ist plötzlich der Gefahr augenblicklicher Zerstörung ausgesetzt: Dafür würde allein schon eine vorübergehende Wende in den Beziehungen der Menschen zueinander genügen. Sollte es aber gelingen, die atomare Vernichtung zu verhindern, besitzt die Zivilisation offensichtlich noch andere ureigene, selbstzerstörerische Züge, die ihr ein Ende zu machen drohen – wenn die Dinge so weiterlaufen wie bisher (17, 24).

Bei der Analyse des gegenwärtigen Zustands unseres Planeten suchen die einen die Überbevölkerung für die wachsenden Krisen in der Welt verantwortlich zu machen; andere schieben die Schuld auf Wissenschaft und Technik; einige verweisen auf den schleichenden Materialismus und die Jagd nach ökonomischem Vorteil oder auf den Verlust des Glaubens und der moralischen Werte; die Kommunisten beschuldigen den Kapitalismus und umgekehrt; manche betonen die Auswirkungen von Rassismus und Intoleranz, während andere rasseschädigende Tendenzen in der Bevölkerung beklagen. Obwohl bei der Analyse auf politischer, ökonomischer und sozialer Ebene die augenfälligen Ursachen zahlreich, komplex und verwirrend sind, kann man eine gemeinsame Störungsquelle ausmachen, wenn man die Situation objektiver aus der allgemeinen Sicht der Evolution und der Bio- und Verhaltenswissenschaften betrachtet. Kurz gesagt: Könnten wir einen außerirdischen Schlichter bitten, unser irdisches Dilemma mit der von menschlichen Vorurteilen freien Haltung eines Weltraumbewohners zu untersuchen, würde er meiner Überzeugung nach sehr bald den Wertfaktor in unserer Kontrolle über die Natur als die eigentliche Hauptursache vieler unserer Schwierigkeiten identifizieren.

Mit anderen Worten, seine Untersuchung würde zeigen, daß die katastrophalen Entwicklungen in der heutigen Welt vor allem auf die Tatsache zurückzuführen sind, daß der Mensch zwar neue, fast gottähnliche Möglichkeiten der Kontrolle über die Natur erlangt hat, diese

Möglichkeiten aber weiterhin mit Hilfe einer relativ kurzsichtigen, ganz und gar nicht göttlichen Wertskala nutzt, deren Wurzeln einerseits in überlebten biologischen Rudimenten der steinzeitlichen Evolutionsphase und andererseits in verschiedenen Mythologien und Ideologien liegen, die auf nicht viel mehr als Glauben, Phantasie, Wunschdenken, veränderten Bewußtseinszuständen und Intuition beruhen. Es empfiehlt sich offensichtlich, unsere Wertsysteme so zu gestalten, daß sie besser mit unserer heutigen Realität harmonieren und sowohl den neuen Einflußmöglichkeiten, über die der Mensch heute verfügt, als auch den neuen Problemen, denen er sich gegenübersieht, eher angemessen sind. Man sollte vielleicht noch hinzufügen, daß jeder Versuch, die sichtbaren Symptome unserer globalen Situation – Umweltverschmutzung, Armut, Aggression, Überbevölkerung und so fort – direkt zu bekämpfen, scheitern muß, solange die damit verbundenen grundlegenden Wertvorstellungen nicht einer notwendigen Änderung unterzogen worden sind. Ist der subjektive Wertfaktor erst einmal angeglichen, werden Korrekturen an konkreten Elementen des Systems von selbst folgen.

Diesen unverblümten Behauptungen liegt ein längerer Gedankengang zugrunde. Lassen Sie uns zunächst davon ausgehen, daß zwischen Werten und den damit verbundenen technischen, ökonomischen und sozialen Bedingungen eine kausale Wechselwirkung besteht. Das bedeutet, daß unsere subjektiven Werte Umweltbedingungen nicht nur *reflektieren,* sondern auch *produzieren und kontrollieren.* Ein komplexer Kreis, eine Spirale oder ein vierdimensionales Gitterwerk kausaler Wechselbeziehungen kann wie der Zusammenhang zwischen Werten und Umweltbedingungen von verschiedenen Punkten des Systems aus unterbrochen und geformt werden. Warum dann diese Konzentration auf den Wertfaktor? Warum soll man aus dem ganzen Kausalgefüge ausgerechnet diese eine Größe als diejenige herausgreifen, an der eine Korrektur am nötigsten ist und der Versuch einer Modifikation strategisch am günstigsten wäre? Die Antworten darauf sind vielschichtig und verlangen ein objektives Verständnis der Grundlage unserer Werte, ihres Ursprungs und ihrer Struktur; vor allem aber verlangen sie die Ausbreitung der Erkenntnis, daß Werte als kausale Kräfte in der Kette biosphärischer Kontrollen eine entscheidende Rolle spielen.

Das menschliche Gehirn ist heute die dominierende Kontrollinstanz auf unserem Planeten; was das Gehirn des Menschen bewegt und lenkt, wird letztlich auch die Zukunft weitgehend bestimmen. Aus diesem ungeheuren, das Gehirn und das Verhalten des Menschen beeinflussenden und kontrollierenden Komplex von Kräften ragt der Wertfaktor als eine universelle Größe heraus, die alle Entscheidungen und Handlungen bestimmt. Jeder Willensakt und/oder jede willentlich getroffene Einzel- oder Kollektiventscheidung ist – offen oder versteckt – unweigerlich von Wertmaßstäben geleitet. Kurz gesagt bedeutet das: Was eine Person oder eine Gesellschaft hoch schätzt, bestimmt ihr Tun. Folgt man dieser Definition und betrachtet Werte objektiv als Gehirnzustände, die Handlungen, Gedanken und Entscheidungen lenken, dann kann man sie innerhalb der gesamten Kette biosphärischer Kontrollen durchaus in einer zentralen Position sehen, aus der ein strategisch ordnendes Eingreifen möglich ist.

Die zugrundeliegende Oberkontrolle

Ich gebe jenen recht, die behaupten, die Überbevölkerung sei der entscheidende Potenzierungsfaktor für einen Großteil der heutigen Probleme. Hinter dem Bevölkerungsüberschuß sieht man jedoch als determinierende Faktoren immer menschliche Werte durchscheinen, die zunächst einmal in Angriff genommen werden müssen, bevor irgendeine Kontrolle über die menschliche Fortpflanzung wirksam werden kann. Dasselbe gilt auch für andere wesentliche Momente der Bedrohung wie Umweltverschmutzung, Armut, Krieg und eine nukleare Eskalation.

Wie der Mensch mit seiner Welt umgeht, wird weitestgehend durch die subjektiven Werte und Überzeugungen bestimmt werden, nach denen er lebt, die seine Impulse setzen und ihn leiten. Während die Bevölkerungszahlen steigen und der Einfluß von Wissenschaft und Technik immer größer wird, wächst auch die strategische Kontrollgewalt des Wertfaktors, der bestimmt, wie diese ganze zunehmende Macht angewandt und in welche Bahnen sie gelenkt werden soll. Die einfache Logik sagt, daß künftige Veränderungen dieses einen Faktors schon den Unterschied zwischen Utopie und sozialer Katastrophe ausmachen können. Da menschliche Werte heute objektiv als höchstrangige kausale Kräfte innerhalb unseres globalen Kontrollsystems betrachtet werden, sind sie zu wichtig geworden, als daß man sie weiterhin einfach übergehen oder ihnen mit einer Politik des Laissez-faire oder gar der völligen Tabuisierung begegnen könnte. Die neue Situation verlangt ein neues Interesse und eine neue Vorgehensweise.

Die gegenwärtig weitverbreitete Ablehnung und der Zusammenbruch der traditionellen ehtischen Systeme, nach denen die Menschheit jahrhundertelang gelebt hat, haben in den vergangenen Jahren das Bedürfnis nach einer konstruktiven Anpassung des Wertfaktors als solchem zusätzlich verstärkt. Die »Gott-ist-tot«-Bewegung und ihre verschiedenen Ausläufer in den letzten zehn Jahren haben zwar die Suche nach neuen Werten intensiviert und bewirkt, daß eine ganze Menge neuer Lebensformen ausprobiert wurde, aber mit diesen tastenden Versuchen ist es bisher nicht gelungen, die alten »ausrangierten« Leitideen durch neue zu ersetzen, jedenfalls nicht in einer Größenordnung, die gesamtgesellschaftlich irgendwelche Konsequenzen hätte. Diese Lücke bleibt also vorerst bestehen, und weite Teile der zivilisierten Gesellschaft lassen sich in einem Zustand der Verwirrung dahintreiben, ohne Rückhalt in ethischen Normen, moralischen Grundsätzen, ohne Ziele und ein Gefühl für Zweck und Richtung menschlichen Strebens überhaupt.

Wenn die Gesellschaft für ein Nullwachstum der Bevölkerung (Society for Zero Population Growth) in puncto Abtreibung, Geburtenkontrolle, optimaler Bevölkerungszahlen und ähnlichem gegen die Kirche zu Felde zieht, aufgrund welcher letzten Normen entscheiden wir dann, wer recht hat? Oder wenn andere widerstreitende Gruppen über Themen wie die Rechtfertigung des Tötens im Krieg, die Ausbeutung anderer Arten durch den Menschen, Rassenhygiene, Euthanasie, die Plünderung natürlicher Ressourcen, noble Unzivilisiertheit gegenüber brutalem Existenzkampf in der Stadt, Wälder contra Autobahnen und die Unmenge anderer Wertfragen, auf die wir jetzt stoßen, in einen grundsätzlichen philosophischen Dissens geraten, wie versuchen wir dann, Recht von Unrecht zu scheiden? Insbesondere unsere tolerante, gebildete westliche Gesellschaft scheint immer weniger von letzten Normen gleich welcher Art überzeugt zu sein.

Gesellschaftliche Werte haben die Tendenz, sich weitestgehend selbst zu korrigieren und als Reaktion auf sich verändernde Bedürfnisse und Bedingungen sich einem natürlichen Wandel zu unterziehen, aber in unserer extrem schnellebigen Zeit ist diese Verzögerung fatal. Bis eine Wählermehrheit erst einmal bereit ist, neue Werte anzuerkennen und zu billigen, wie es jetzt bei der Umweltverschmutzung und der Überbevölkerung der Fall zu sein scheint, hat die Lage sich bereits weit vom Idealzustand entfernt und steuert auf eine unerträgliche Situation zu. Solange Werte auf dieser Rückkopplungsbasis zustande kommen, wird unsere gesellschaftliche Existenz sich auch weiterhin um die Marken des bloßen Überlebens und des Erträglichen bewegen, statt sich der irgendeines Ideals anzunähern. Deshalb wäre zu wünschen, daß Entwicklungen im Wertsystem gesellschaftlichen Veränderungen so oft wie möglich vorausgehen und sie steuern helfen, statt hinter ihnen herzuhinken. Dieser Zusammenhang legt im übrigen auch den Schluß nahe, daß das menschliche Gehirn mit seinen hochentwickelten kognitiven Fähigkeiten seine Werte besser jenseits des Naturgegebenen, Unmittelbaren, Situationsbedingten auf einer rationaleren, längerfristigeren und idealistischeren Ebene suchen sollte.

Aus diesen und anderen noch nicht genannten Gründen erscheint es wichtig, daß der Faktor gesellschaftliche Werte auf breiterer Basis als eine einflußreiche kausale Kraft an sich erkannt wird, als etwas, mit dem man direkt und unmittelbar umgehen kann. Wir können uns für die Zukunft keine wichtigere Aufgabe vornehmen als die, für die zivilisierte Gesellschaft ein neues, höherrangiges System von Wertmaßstäben zu suchen, das dem weltweiten Bevölkerungswachstum und unseren neuen Möglichkeiten der Einflußnahme auf die Natur eher gerecht wird – einen Bezugsrahmen für Wertpräferenzen also, der sich festigend und bewahrend auf unsere Welt auswirkt, statt sie zu zerstören. Meine Vermutung ist nun die, daß wir durch die Verschmelzung von Naturwissenschaft, Ethik und Religion zu Lösungen kommen können, denn dadurch würden die Wahrheiten und Erkenntnisse, die Zuverlässigkeit des Weltbilds und andere Eigenschaften und Verdienste der Naturwissenschaft auf das gesamte Problem der Werte und Wertpräferenzen übertragen. Als Ausgangsbasis brauchen wir etwas, was man fast eine Wissenschaft der Werte nennen könnte. Diese ganz persönliche Überzeugung ergibt sich für mich aus meinen Erfahrungen und Perspektiven in der Seelen-Hirn-Forschung und den angrenzenden Biowissenschaften. Sie erhebt nicht den Anspruch, besonders originell oder geistig differenziert zu sein. Im Grunde ist sie nichts anderes als eine explikative Erweiterung und Verteidigung einer früheren Behauptung über die Möglichkeit, Naturwissenschaft und Werte zusammenzuspannen (74).

Die Hinfälligkeit traditioneller Ansichten

Auf den ersten Blick erscheint es völlig unmöglich, Werte auf einer rationalen, logischen oder wissenschaftlichen Grundlage zu betrachten. Menschliche Werte, in denen sich Überzeugungen, Wünsche, Bedürfnisse und Ideologien ebenso widerspiegeln wie konkretere biologische und umweltspezifische Bedingungen, sind subjektive und oft irrationale Faktoren. Mehr noch, die Grundwerte eines Volkes sind eng mit religiösen Überzeugungen und mit »unveräußerlichen« persönlichen und bürgerlichen Rechten, mit Freiheit und so weiter, verknüpft. In den Köpfen der meisten von uns nehmen menschliche Werte eine Art unberührten, heiligen Primats an, das sie gegen jede gezielte Analyse und jeden korrigierenden Eingriff zu anderen Zwecken immunisiert. Mithin wurde der Wertfaktor in dem Bestreben, die allgemeine Weltlage zu verbessern, nicht nur vernachlässigt oder nur indirekt in Betracht gezogen, sondern oft aus taktischen Gründen ausdrücklich übergangen.

Widerstand gegen eine Verbindung von Wissenschaft und Werten rührt auch aus der traditionellen Auffassung her, Wertfragen seien von Natur aus jenseits der Wissenschaft angesiedelt. »Werturteile liegen außerhalb des Geltungsbereichs der Naturwissenschaft«, heißt es, und: »Die Wissenschaft kann uns vielleicht sagen, *wie,* aber nicht, *warum*«, oder »Die Wissenschaft kann uns zwar helfen, ein bestimmtes Ziel zu erreichen, aber sie kann uns nicht sagen, welche Ziele wir anstreben sollen.« So haben wir auf der einen Seite moralische Werte als das überragende Problem unserer Zeit und auf der anderen Seite die Wissenschaft als bewährte Methode »Nummer eins« zur Lösung von Problemen und zur Erlangung jener Art von Gültigkeit, auf die moralische Werte gegründet sein sollten. Paradoxerweise sagt man uns, die beiden gehörten in verschiedene Bereiche und dürften nicht miteinander in Verbindung gebracht werden.

Angesichts unserer modernen Geist-Gehirn-Theorie kann ich diese herkömmliche Trennung von Wissenschaft und Werten nicht mehr akzeptieren; ich behaupte nicht nur, daß Wissenschaft und Werte durchaus mischbar sind und ein wissenschaftlicher Ansatz ebenso möglich wie wünschenswert ist, sondern darüber hinaus auch, daß das beste Fundament und Bezugssystem für moralische Werte in der Art von Gültigkeit und irdischer Realität zu finden ist, wie die Wissenschaft sie unter den neuen, heute gegebenen Bedingungen vertritt, die allerdings noch einer kurzen Erklärung bedürfen. Diese Behauptung folgt teilweise aus meiner Überzeugung, daß in Anbetracht der funktionellen Organisation unseres Großhirns die wissenschaftliche Methode die zuverlässigsten Instrumente liefert, mit denen ein Gehirn im Reich der Werte wie auch anderswo zu einer operational begründeten Haltung gelangen kann.

Es wird auch in Zukunft in vielen Punkten noch zu rechtfertigen sein, warum der Versuch wünschenswert erscheint, die Anforderungen der Wissenschaft auf das Wertproblem anzuwenden. Die formale religiöse Doktrin hat im Lauf der Geschichte das Fundament für die höchsten Werte der zivilisierten Menschheit gelegt – jene unumstößlichen Werte also, die als letzte Bezugspunkte hinter den zum alltäglichen »guten Leben« einer jeden Glaubensgemeinschaft gehörenden Systemen untergeordneter Werte stehen. Schon der bloße Gedanke, daß diese göttlich inspirierten, geheiligten Grundwerte der vorbehaltlosen Untersuchung, Analyse und manipulierenden Empirie der Naturwissenschaft ausgesetzt werden könnten, wird manche Kreise schaudern lassen. Ich will versuchen, im folgenden zu zeigen, daß Befürchtungen dieser Art weitgehend zerstreut werden können.

Da sie das geheiligte Dogma allmählich aushöhlte, galt die Naturwissenschaft lange Zeit eher als Erzfeindin, denn als Verbündete der Religion und religiöser Werte. Darüber hinaus scheint die Gesellschaft heute in zunehmendem Maße geneigt, vom Geist der Wissenschaftsfeindlichkeit Lösungen zu erwarten. Naturwissenschaft und Technik trifft der Vorwurf, viele der uns heute bedrängenden Probleme erst geschaffen zu haben. Für unsere Argumentation ist es wichtig zu erkennen, daß die Naturwissenschaft hier nicht auf der Anklagebank sitzt, weil sie gescheitert ist, sondern im Gegenteil, weil sie so viele Erfolge zu verbuchen hat. Der Schwarze Peter liegt also nicht bei der Wissenschaft selbst, sondern bei den ethischen Norm- und Wertsystemen, die den Rahmen für die Umsetzung der wissenschaftlichen Erkenntnisse in die Praxis abgegeben haben.

Man geht allgemein davon aus, daß Wissenschaft und wissenschaftliche Methode mit der objektiven Messung nüchterner, wertfreier, quantitativer Phänomene zu tun haben und deshalb für die Beschäftigung mit subjektiven Werten von vornherein ungeeignet sind. Dieses Argument mag vielleicht in der Vergangenheit eine gewisse philosophische Berechtigung gehabt haben, besonders in bezug auf die Naturwissenschaften; es berücksichtigt jedoch nicht den Inhalt, die Prinzipien und die Phänomene der modernen Verhaltens- und Biowissenschaften. Die Verhaltenswissenschaften befassen sich heute unmittelbar mit Wertpräferenzen und ihrer Entstehung als wichtigen Kausalvariablen des Verhaltens, außerdem mit Zielen, Bedürfnissen, Motiven und angrenzenden Faktoren auf der Ebene des Individuums, der Gruppe und der Gesellschaft. Ursprung, Entwicklung und kausale Funktion von Werten sind heute eindeutig Gegenstand wissenschaftlicher Forschung.

Ein Argument, das in dieselbe Richtung weist, möchte Naturwissenschaft und Werte mit der Behauptung auseinanderhalten, Werte seien subjektive, geistige Phänomene und infolgedessen für die objektive Wissenschaft nicht zugänglich. Auch diese dualistische Logik ist nicht mehr haltbar. Die allgemein anerkannte Bewußtseinstheorie führt hinsichtlich der Beziehung zwischen objektiver, faktengebundener Wissenschaft und subjektiver Erfahrung zu einer ganz anderen Philosophie. Geistige Bewußtheit muß nicht mehr in abgetrennte, metaphysische, epiphänomenale oder andere parallelistische oder dualistische Bereiche abgeschoben werden (74, 77). Die subjektiven Werte werden genau wie andere geistige Phänomene zu einem integralen Bestandteil der objektiven Vorgänge im Gehirn, wobei ihnen höchste Kontrollgewalt über die Kausalzusammenhänge im Entscheidungsapparat des Menschen zukommt. Von diesem modernen Standpunkt aus können subjektive Werte im Prinzip ebenso wie objektive Tatsachen als kausale Kräfte in der Gehirntätigkeit betrachtet werden und sind somit ein berechtigtes Anliegen wissenschaftlicher Forschung.

Ein anderes altes Argument besagt, der Wirkungsbereich der Wissenschaft sei zu eng, als daß sie da, wo es um die höchsten Ziele und den Sinn des Daseins geht, eine große Hilfe sein könnte, bei Fragen also, mit denen sich die Religion beschäftigt und die im wesentlichen die grundlegenden Parameter für gesellschaftliche Werte darstellen. Diese Lücke zwischen Religion und Wissenschaft wurde durch die jüngsten Fortschritte in unseren Konzepten von der Kosmologie, dem Wesen der Materie, den Kräften, die das Universum bewegen und das Leben schufen, vom Wesen des Geistes und von der Beziehung zwischen Gehirn und Geist weitgehend gefüllt. Alle diese modernen Erkenntnisse verleihen der Naturwissenschaft heute allerhöchste Bedeutung und machen sie gegenüber der göttlichen Offenbarung, dem Glauben und der Intuition ohne weiteres konkurrenzfähig.

Es wird deutlich, daß viele der herkömmlichen Gründe für die Vernachlässigung einer wissenschaftlichen Beschäftigung mit moralischen Werten heute einer Überprüfung nicht mehr standhalten. Gewisse Aspekte des Wertproblems werden der Wissenschaft allerdings auch weiterhin Schwierigkeiten bereiten. Bei näherem Hinsehen stellt sich heraus, daß diese noch vorhandenen Schwierigkeiten zum einen aus den verschiedenen Ursprüngen von Werten wie Intuition, Common sense und Glauben, zum anderen aus der politischen, der Rechts- und Wirtschaftsphilosophie erwachsen. Aber ungeachtet all der verschiedenen Schwierigkeiten muß die Gesellschaft ihre Werte ja irgendwoher nehmen, und zum gegenwärtigen Zeitpunkt läßt sich mit Fug und Recht behaupten, daß der Mensch über keine besseren Richtlinien für die Gewinnung von gesellschaftlichen Werten verfügt, als jene, die Gültigkeit und Weltsicht der Wissenschaft aufstellen. Mehr als Intuition – und genauso wie göttliche Offenbarung, Politik, Recht und andere Disziplinen einschließlich Philosophie und Religion – hat Naturwissenschaft mit Grundwerten zu tun.

Auf dem Weg zu einer Theorie der Werthierarchie

Auch wenn Bedenken im Prinzip ausgeräumt und die Wege zu einer offenen, rationalen Auseinandersetzung mit der Wertproblematik geebnet werden können, bleibt immer noch die Frage, ob ein signifikanter praktischer Nutzen davon zu erwarten ist. Vielleicht sind moralische Werte so ungeheuer komplex, amorph, irrational, relativ und einfach unfaßbar, daß jeder Versuch einer wissenschaftlichen Analyse von vornherein zum Scheitern verurteilt sein muß? Für den Naturwissenschaftler, der die Ordnung dem Chaos und die Gewißheit den Mythen vorzieht, der einen systematisierten Wissensfundus schaffen, kausale und logische Wechselbeziehungen verstehen und vielleicht auch Folgewirkungen vorhersagen und kontrollieren möchte, stellt der Problembereich der moralisch-ethischen Werte gewiß eine gewaltige Herausforderung dar.

Immerhin gibt es ein paar Kernaussagen über Wesen, Grundlagen und Entstehung von Werten, die für ein weiteres Vordringen in die Materie sehr hilfreich sind. Zunächst einmal hat man festgestellt, daß Werte kognitiver, ideologischer Art, die uns hier ganz besonders interessieren, in bezug auf gerichtetes oder gezieltes Handeln die Struktur hierarchischer Systeme und Subsysteme haben, die jeweils zielabhängig sind. Haben wir ein bestimmtes Ziel vor Augen, dann bekommt das, was zur Erreichung dieses Ziels beiträgt, das Prädikat »gut« und das, was den Weg dorthin blockiert, das Prädikat »schlecht«. Analog dazu wird auch all das bewertet, was uns hilft, die Unterziele zu erreichen, die uns wiederum dem Endziel näher bringen. Eine Verschiebung des Endziels kann entsprechende Verschiebungen – und sogar Umkehrungen – in der gesamten Hierarchie untergeordneter Werte nach sich ziehen.

Daraus ergibt sich ferner, daß jede Ansicht oder Meinung, die in bezug auf Ziel und Wert des Lebens als Ganzem akzeptiert wird, logischerweise auch Werte auf niedrigerer Stufe überlagern und bestimmen wird. Deshalb werden die Religion und in geringerem Maße auch die Philosophie dadurch, daß sie Antworten auf höchster Ebene formulieren, zu einer letzten Autorität für Werturteile im allgemeinen. Rechtliche, moralische und andere Normsysteme müssen sich nach ihr richten, und im Zweifelsfall werden gewöhnlich die religiösen Überzeugungen und Gewissensentscheidungen des einzelnen höher geachtet. Was heilig ist, hat Vorrang. Wird eine bestimmte Aussage über Ziel oder Sinn des Lebens akzeptiert, dann können Wertpräferenzen entsprechend geordnet und Wertaussagen beurteilt werden. Das Ziel mag ein Platz im Himmel, ein schwebender Zustand des Nirwana, politischer Erfolg der »Partei« oder sonst etwas sein, das gute Leben und dessen Gegenteil kristallisieren sich automatisch durch logisches Schlußfolgern aus jeder beliebigen, einmal akzeptierten Meinung über das höchste Ziel heraus.

Der Schwerpunkt liegt hier wie im ganzen Buch auf kognitiven Werten ideologischer Prägung, da diesen Werten in der gesamten Kette von Kontrollinstanzen die größte Bedeutung zukommt. In den langfristigen, übergreifenden, soziopolitischen Maßnahmen, kulturellen Konflikten und ideologischen Machtkämpfen, die bei den sich heute krisenhaft zuspitzenden Problemen eine wichtige Rolle spielen, besitzen diese kognitiven Werte mehr Gewicht als die spontaneren, situationsgebundenen, irrationalen und natürlichen oder biologischen Werte, die ihnen nach und nach weichen müssen.

Als Basis und Bezugspunkt bei der Schaffung gesamtgesellschaftlicher Werte dienten zwangsläufig dem Menschen angeborene Wertmaßstäbe, die unsere Spezies von der Evolution mitbekommen hatte (25, 29). Diese artspezifischen Grundeinstellungen waren hervorragend geeignet, die Fortentwicklung und das Überleben in der Steinzeit zu sichern, zusammen mit der erdrückenden Zahl und den überwältigenden technischen Möglichkeiten des modernen Menschen nehmen sie jedoch eine verhängnisvolle Dimension an. Die Grundzüge der menschlichen Natur und die unmittelbar daraus folgenden Werthaltungen sollen hier als Konstanten im Gesamtbild gelten, die wir als unveränderlich akzeptieren und mit denen wir arbeiten müssen. Zum Glück können die gesellschaftlichen Konsequenzen solcher Werthaltungen durch die höheren, kognitiven Wertordnungen reguliert und gesteuert werden, wobei kulturgebundene Normsysteme und das Gesetzbuch Hilfestellung leisten. Die Wertsetzung, nicht ins Gefängnis zu kommen, hält vielleicht unerwünschte, natürliche Impulse im Zaum. Die vom Menschen geschaffenen Gesetze, geschriebene wie ungeschriebene, durch die Werte kognitiven Ursprungs verstärkt werden, sind der einzige Punkt, an dem wir den Hebel der Veränderung ansetzen können. So wäre dem gewichtigen Argument der »menschlichen Natur« innerhalb des Wertproblems und damit einem großen Teil des »irrationalen« Aspekts Sorge getragen, wenn es gelänge, die darunter liegenden Systeme ideologischer Werte in den Griff zu bekommen.

Die eigentlichen Grundlagen

Ein anderes Grundprinzip der Wertlehre besagt, daß es unmöglich ist, einen letzten, absoluten Beweis für die Überlegenheit der Werte einer Person oder Kultur über die einer anderen zu erbringen. Man wird feststellen, daß die logische Rechtfertigung eines beliebigen Wertkanons letzten Endes auf irgendeinem axiomatischen Konzept beruht, für das es keinen Beweis gibt und das einfach geglaubt oder als selbstverständliche Tatsache akzeptiert werden muß. In dieser Hinsicht gleichen moralische Werte den Gesetzen der Physik, Mathematik oder Geometrie – sie gründen auf Axiomen, die ohne Beweis als gültig anerkannt werden. Selbst bei Werten intuitiver, irrationaler Art läßt sich wohl zeigen, daß sie zumindest die Annahme bestimmter Grundvoraussetzungen und natürlicher Vorurteile implizieren. Daraus folgt unmittelbar, daß die Ausgangsprämissen oder Grundaxiome, auf die sich jedes Wertsystem stützt, die Gesamtstruktur dieses Systems entscheidend mitbestimmen.

In Zusammenhang mit der Relativität und Zielabhängigkeit von Werten sollte daran erinnert werden, daß nichts an sich und aus sich selbst heraus sinnhaft ist. Ein Ding oder Begriff wird nur vermittels eines bestimmten Hintergrunds, einer Umgebung, eines außerhalb seiner selbst liegenden oder von ihm verschiedenen Bezugspunkts wahrgenommen und mit Sinn und Wert belegt. In einem gedanklichen Sprung gelangen wir von hier zu der Feststellung, daß es Vermutungen über Sinn und Ziel des Lebens als Ganzem sind, die ohne Beweis angenommen werden müssen und letzten Endes hinter einem Großteil der widerstreitenden ideologischen und sozialen Werte stehen, durch die heute Lösungsansätze in Krisenbereichen verhindert werden. Aus der Sicht des Technikers ist es nicht weiter verwunderlich, daß Grundvoraussetzungen, die ohne hinreichende Beweise aufgestellt werden und eine mächtige Schlüsselposition in einem alles beherrschenden Kontrollsystem einnehmen, sich als die Schwachstellen im gesamten Kontrollgefüge erweisen müssen.

Die diagnostische Suche nach den Wurzeln der gegenwärtigen, weltweiten Probleme verengt sich schrittweise von den Auswirkungen des menschlichen Eingreifens in die Biosphäre im allgemeinen zu den darunter liegenden Wertstrukturen, von dort zu den als kognitiv und erworben klassifizierten Werten und konzentriert sich schließlich auf die expliziten oder impliziten Grundaxiome und -prämissen, auf denen diese kognitiven Werte beruhen. Gerade diese Axiome, selbstverständliche Wahrheiten, Glaubensartikel und so weiter, die mit höchsten Werten zu tun haben, strukturieren die sozialen Prioritäten, auf denen die geschriebenen und ungeschriebenen Gesetze aufbauen, die die Handlungen und Entscheidungen des Menschen lenken, von denen wiederum die Zukunft des Planeten Erde abhängt. Jeder Konsens über eine Änderung der Grundvoraussetzungen dieser Kontrollkette – etwa bei einer Neufassung der Grund- und Freiheitsrechte, einem neuen Gebotekanon, einem revidierten Manifest, einer geänderten Verfassung – modifiziert auf der Stelle die gesamte Wertstruktur.

Die aktive Auseinandersetzung mit der Wertproblematik kann also von der Beschäftigung mit Werten im allgemeinen auf eine viel konkretere Strategie beschränkt werden: Sie setzt an den wesentlichen, ausgesprochenen oder unausgesprochenen Grundkonzepten und Anschauungen über die höchsten Ziele und Werte an, auf denen kognitive Wertsysteme aufbauen. Wenn diese axiomatischen Konzepte und Überzeugungen falsch sind, wird es sich mit sozialen Werten ebenso verhalten, und das ganze damit verbundene menschliche Streben wird entsprechend fehlgeleitet werden. Viele der Prämissen und Ansichten, die in der Vergangenheit menschliche Wertordnungen geformt haben, wurden in längst vergangenen geschichtlichen Epochen formuliert; in dem damals herrschenden geistigen Klima ging man noch davon aus, daß unser Planet eine Scheibe ist, die Sonne um die Erde kreist, die Seele ihren Sitz in der Leber hat und die Menschheit sich unbegrenzt räumlich ausbreiten kann. Eine schöpferische Erweiterung und Korrektur dieser ursprünglichen Konzepte wurden dadurch verhindert, daß stark institutionalisierte Glaubenssysteme ihre elementaren Lehrsätze und Überzeugungen vor einer kritischen Analyse zu bewahren suchten. Die Anwendung von Prinzipien der Selbstregulierung und einer wissenschaftlichen Methode in diesem Bereich könnte dazu beitragen, daß die Leitideen des Menschen nicht auf Abwege geraten.

Das bisher Gesagte soll aber nun keineswegs als eine Empfehlung aufgefaßt werden, die Autorität über gesellschaftliche Wertsetzungen der Naturwissenschaft oder einzelnen Wissenschaftlern zu übertragen. Mein Vorschlag zielt vielmehr auf eine Verschmelzung von Wissenschaft, Ethik und Religion, die unsere Wert- und Glaubenssysteme der freien, wissenschaftlichen Erforschung und ganz allgemein empirischen Fragestellungen öffnen würde, damit dieselben strengen Prinzipien, die jeder Erkenntnis in der Naturwissenschaft zugrunde liegen, auch im Reich der Werte Anwendung finden. Das würde im wesentlichen bedeuten, daß die inneren, geistigen Vorgänge im Gehirn bei der Beschäftigung mit Wertfragen regelmäßig gezwungen werden müßten, ganz genau zu prüfen, ob sie noch mit der äußeren Realität in Einklang stehen. Dies ist das Grundprinzip der wissenschaftlichen Methode – ein Punkt, der einleuchtend erscheint, aber bei Aussagen über das Wesen wissenschaftlicher Arbeit manchmal übersehen wird (51). Der ganze breite Überbau von Technik und Forschung, die strenge Quantifizierung, Ordnung und Institutionalisierung der Wissenschaft, die der Laie beobachten kann, sind lediglich Ausformungen dieser elementaren Vorgehensweise. Ihr Leitsatz besagt, daß man beim schlußfolgernden Denken die intuitiven, rationalen, emotionalen und anderen Gehirnaktivitäten nicht vertrauensvoll ihrer Eigendynamik überlassen darf, sondern sie regelmäßig daraufhin überprüfen muß, ob sie der äußeren Realität entsprechen. Der menschliche Geist kann auf verschiedenen Wegen zu Überzeugungen gelangen; der Weg der Naturwissenschaft zeichnet sich durch die rigorose Forderung aus, daß jede Ansicht genau mit der empirischen Erkenntnis der Realität übereinstimmen muß. Trotz wiederholter Verschiebungen und Korrekturen innerhalb der Wissenschaftstheorie bleibt die globale Erfolgsbilanz der wissenschaftlichen Methode als Mittel zu ganzheitlichem Verstehen unübertroffen. Es ist nicht nötig, letzte, absolute Antworten finden zu wollen – nur bessere!

Die entscheidende Bedeutung von Bewußtseinskonzepten

Lehrmeinungen über höchste Werte sind eng verbunden mit Ansichten über die Eigenschaften der menschlichen Psyche oder des Bewußtseins und dessen Verhältnis zur physischen Realität. Wertordnungen, die auf Reinkarnation, einem Leben nach dem Tod oder einer Existenz im Jenseits, einer kosmischen und/oder göttlichen Intelligenz, Unsterblichkeit und ähnlichem beruhen, implizieren durchweg vorgefertigte Antworten. Solange das Wesen des bewußten Geistes und seiner Beziehung zum Körper noch völlig im dunkeln lag, war das Spektrum der Möglichkeiten nahezu unbegrenzt; das große Problem der menschlichen Werte trieb in einem weiten, offenen Meer der Unwissenheit dahin, wo die Naturwissenschaft kaum Boden unter die Füße bekam und ethische Systeme zwangsläufig auf Vermutung, Intuition und Offenbarung aufbauen mußten.

Fortschritte in der Hirn-Seelen-Forschung der letzten paar Jahrzehnte haben den Spielraum für Spekulationen ganz beträchtlich schrumpfen lassen. Vor allem wachsende Kenntnisse im Bereich der Neurobiologie drängen uns heute zu der Überzeugung, daß bewußtes geistiges Gewahrwerden eine Eigenschaft des lebendigen Gehirns und untrennbar mit ihm verbunden ist. Dies bezeichnet die moderne Wissenschaft als eine hervorstechende Realität unserer Welt, mit der wir es jetzt aufzunehmen haben. Ebenso wie die Realität der Evolution und der Erdrotation müssen diese neuen Erkenntnisse der Neurobiologie in Betracht gezogen und unsere Werte und höchsten Ziele entsprechend gestaltet werden. Daraus erwächst ein Konzept von Geist und Materie, das eine vereinheitlichende, diesseitige Sicht vom Menschen in der Natur als Bezugsrahmen für leitende Wertvorstellungen begründet (74, 77). Vielleicht mehr als jede andere Einzelentwicklung ebnen die während der letzten fünfzig Jahre erzielten Fortschritte im Verständnis der neuralen Mechanismen von Geist und Bewußtsein den Weg für einen rationalen Zugang zum Reich der Werte. Das soll nicht heißen, daß damit alle Fragen nach den Geist-Hirn-Zusammenhängen gelöst wären, weit davon entfernt, sondern nur, daß durch ein Eliminationsverfahren die Skala realistischer Lösungen und ihrer Konsequenzen um vieles exakter definiert werden kann.

Unabhängig davon, ob die Antworten von heute in diesem oder anderen Bereichen sich als letztgültig erweisen, besteht die entscheidende Grundregel wissenschaftlichen Vorgehens in der Forderung nach Übereinstimmung mit verifizierter Erkenntnis, egal welchen Stellenwert sie hat. Das schließt Werte aus, die auf dem Glauben an das Übernatürliche, auf irgendeiner Form von mystischer Einsicht, göttlicher Offenbarung oder auf unbewiesenen Hypothesen über Wirtschaftssysteme und Klassenkämpfe beruhen, wie reizvoll sie auch immer erscheinen mögen. Diese Beschränkungen der wissenschaftlichen Methode machen zugleich ihre Stärke aus. Bei solchermaßen zustande gekommenen moralisch-ethischen Leitideen kann man sich viel eher darauf verlassen, daß sie gegen jene Mängel gefeit sind, die in der Vergangenheit moralische Überzeugungen ausgehöhlt haben.

Die moderne Zivilisation mit ihrem erheblich verstärkten Einfluß auf das Weltgeschehen steht anders als Volksstämme im Dschungel und selbst Nationen früherer Jahrhunderte unter dem Druck, ihre leitenden Wertvorstellungen mit Umsicht und Weisheit neu auszuwählen: ihre Kriterien müssen von höherer Ordnung sein als die natürlichen Reaktionen des Menschen zur Selbsterhaltung oder Bedürfnisbefriedigung. Wir brauchen einen neuen, übergreifenden Bezugsrahmen, der quer durch alle Kulturen, Glaubensbekenntnisse und nationalen Interessen geht und auf das Wohl der Menschheit und der Biosphäre insgesamt ausgerichtet ist. Obwohl er sich bei einer sich weiter verschlechternden Weltlage mit der Zeit vielleicht ganz von selbst herausbildete, könnte ein gezielter Vorstoß mit dem massiven Einsatz der Naturwissenschaft den Prozeß um einiges beschleunigen. Wenn sich die Wissenschaft heute, da die Wertproblematik vorrangig geworden ist, das Vertrauen und die Unterstützung der Öffentlichkeit sichern wollte, wäre sie gut damit beraten, ihre jahrhundertelange Ablehnung moralischer Werte als nicht zu ihrem Fach gehörig offen zu widerrufen. Nur wenige Dinge könnten einen tiefgreifenderen und weiterreichenden Einfluß auf die Zukunft versprechen, als das Vorhaben, Naturwissenschaft, Religion und andere Wertdisziplinen in einem Sofortprogramm zusammenzubringen, das ein besseres Verständnis der Entstehung und Struktur menschlicher Wertordnungen vermitteln und deutlich machen sollte, wie die moderne Naturwissenschaft aus ihrer Weltsicht diese Disziplinen und die gegenwärtige Suche des Menschen nach einer neuen, besseren Ethik und einem höheren Sinn unterstützen kann.

Über die praktische Durchführung und den »großen Entwurf«

Der Versuch, mit Blick auf die Praxis zu bestimmen, welche Veränderungen im Wertgefühl des Menschen zu erwarten sind, wird zu einem Unternehmen von ziemlicher Komplexität, das die Zusammenschau führender Köpfe aus vielen Fachgebieten erfordert und weit über die Grenzen der vorliegenden Ausführungen hinausgeht. Dennoch mögen ein paar kurze, einführende Worte hilfreich sein, um den spontanen Zweifeln und Fragen zu begegnen, die sich zunächst in bezug auf Qualität und Art jener Werte ergeben, mit denen die Gesellschaft sich unter den genannten Umständen vielleicht wird herumschlagen müssen. Wie werden ethische Werte, die auf dem kosmischen Weltbild und der Faktenbezogenheit der Naturwissenschaft beruhen, gegenüber jenen bestehen, die übernatürliche und aufs Jenseits gerichtete Anschauungen zur Grundlage haben? Anfängliche Bedenken vor allem wegen ihres geistigen Gehalts und ihrer Attraktivität scheinen sich bei näherem Hinsehen zu verflüchtigen, vorausgesetzt – und das muß eigens betont werden –, die Fehlschlüsse des wissenschaftlichen Reduktionismus werden vermieden (s. weitere Erklärung im folgenden Kapitel).

Nehmen wir als Beispiel für eine denkbare Grundmaxime zur Bestimmung von Gut und Böse, die ohne Beweis angenommen werden muß, den folgenden Satz: »Der große Entwurf der Natur, von dem wir unter besonderer Berücksichtigung der Evolution in unserer Biosphäre erkennen, daß er in vier Dimensionen die Kräfte umfaßt, die das Weltall bewegen und den Menschen geschaffen haben, dieser große Entwurf ist etwas an sich Gutes, das zu bewahren und wertvoller zu machen recht und das zu zerstören oder verderben zu lassen unrecht ist.« Auf diesem streng in wissenschaftlich schlüssigen Begriffen definierten Fundament kann nun ein umfassendes, kohärentes System moralischer Überzeugungen und Bewertungen errichtet werden. Andere Axiome und Behauptungen können hinzukommen, sofern sie nicht im Widerspruch zu ihm stehen. Die Art von Moralkodex, wie sie daraus logischerweise erwächst, wird viele Gemeinsamkeiten mit anderen Systemen haben, die auf dem Glauben ans Jenseits, auf Intuition, christlichen, buddhistischen, kommunistischen und anderen Doktrinen beruhen. Über dieses Gemeinsame hinaus machen sich jedoch in den Randzonen Unterschiede bemerkbar, die für die gegenwärtigen Weltprobleme von entscheidender Bedeutung sind. Althergebrachte Tabus, mythische Vorstellungen und eine Menge lokaler Traditionen, barbarischer Bräuche und heiliger Kühe verschwinden als Wertdeterminanten. Eine neue Sichtweise und ein neuer Schwerpunkt deuten sich in der Auseinandersetzung über Geburtenkontrolle, Umweltverschmutzung, Ausbeutung des Ökosystems, Artenschutz und angrenzende Fragen an.

Persönliche Wertmaßstäbe können auf individueller Entscheidungsfreiheit, Flexibilität und Vielgestaltigkeit gründen, solange die Werte dieses Teilbereichs nicht in offenem Widerspruch stehen. Der Mensch wird auch weiterhin eine herausragende Spitzenposition einnehmen und die meisten höheren Qualitäten der menschlichen Zivilisation dürften ihre Vorrangstellung behalten. Allerdings würde der

Mensch in jedem auf wissenschaftlichem Realismus beruhenden System wahrscheinlich etwas von seinem früheren einzigartigen, unangefochtenen Status als Maß aller Dinge verlieren. Die menschliche Gesellschaft fände keine Rechtfertigung mehr für die Zerstörung oder Herabsetzung der übrigen Schöpfung zu ihren eigenen anthropozentrischen Zwecken. Eine wesentliche Korrektur von Wertnormen ergibt sich auch aus der Bezugnahme auf einen weitgefaßten Evolutionsrahmen. Ethische Systeme der Vergangenheit waren zum einen fast ganz auf den Menschen und zum anderen auf göttliche Mythen ausgerichtet. Die gegenwärtigen Bedingungen erfordern langfristige, die ganze Biosphäre umfassende Perspektiven, in denen diese Welt uns mehr bedeutet als nur eine Zwischenstation auf dem Weg zu irgendeinem besseren Jenseits. Es sei vielleicht erwähnt, daß der »große Entwurf« des Beispielaxioms per definitionem den Verlauf der Evolution mit einbezieht. Der aufwärts gerichtete evolutionäre Druck als Teil des Entwurfs muß folglich bewahrt und geachtet werden. Das würde ein Bekenntnis zu Fortschritt und Wachstum bedeuten – allerdings nicht im Sinne städtischer Industrie- und Handelskammern, sondern im Rahmen der evolutionären Entwicklung hin zu größerer Komplexität, Vielfalt und einer Verbesserung von Lebensqualität und -dimensionen sowie alltäglicher Erfahrung. Das Leben des einzelnen bekommt damit ebenso wie das der Gesellschaft als Ganzes ein Gefühl für Zweck und Sinn.

Besonders wichtig erscheint mir die Feststellung, daß eine Grundvoraussetzung wie die oben beschriebene trotz ihres wissenschaftlichen Ursprungs keineswegs respektlos ist. Höchste Achtung und Ehrfurcht vor den kosmischen Kräften der Schöpfung, die das Weltall und den Menschen beherrschen (einschließlich des bewußten, selbstschöpferischen Gipfelpunkts dieser Kräfte in den höheren Leistungen des menschlichen Geistes), bleiben voll gewahrt; nur die Definition und die Konzeption sind anders, damit sie dem Stand der neuesten Erkenntnisse entsprechen. Statt auf eine einzige, allmächtige, personalisierte Kontrollgewalt würde der Mensch sich auf einen riesigen Komplex dynamischer Kräfte beziehen, die von der subatomaren über die zelluläre, organische, kognitive und soziale bis hin zur galaktischen Ebene hierarchisch miteinander verzahnt sind, und ein großes pluralistisches System kosmischer Kräfte bilden, in dem die höheren die niedrigeren transzendieren und alle sich von einer gemeinsamen Basis aus verschieden weiterentwickeln, die sie zugleich aber auch vereint. Vieles, was große Humanisten in der Vergangenheit gelehrt haben, würde in seiner grundlegenden Bedeutung nur geringfügig verändert. Der »große Entwurf der Natur«, so, wie der sich ständig erweiternde Blick der modernen Naturwissenschaft ihn wahrnimmt, schiene bereits in seiner bis heute ergründeten Form ebensoviel zur Befriedigung der höchsten religiösen und geistigen Bedürfnisse des Menschen zu enthalten wie einige der vergleichsweise einfach strukturierten dualistischen Mythologien. Der Weg führt uns von einem starren, geschlossenen System hin zu einem, das sich mit zunehmender wissenschaftlicher Erkenntnis immer stärker entfaltet und erweitert.

Wie man sieht, dehnen sich die praktischen Konsequenzen, die eine derartige Verschiebung von Wertpräferenzen nach sich ziehen würde, ins Endlose aus. Maßnahmen zur Verhinderung von Umweltverschmutzung oder einer Vergewaltigung des Ökosystems zum Beispiel werden mehr als nur ein Instrument zum Nutzen des Menschen. Der höchste Sinn und Zweck allen Lebens steht auf dem Spiel, und ein entsprechendes Bewußtsein und Gewissen und die Hingabe an das, was heilig ist, verstärken die Bemühungen. Vergleichbare Veränderungen in bezug auf den Artenschutz, die Optimierung der Bevölkerungszahl auf der Erde, eine atomare Eskalation und ähnliches sind im Gange. Gegenwärtiger Trends ungeachtet muß die Menschheit, um ihrer eigenen Existenz Sinn und Ziel zu geben, sich selbst als Teil eines Gefüges sehen, das größer und wichtiger ist als sie selbst. Das soziale System, die Gemeinschaft, selbst die gesamte Menschheit sind nicht genug. Da frühere Formen dualistischer Mythologie von der aufgeklärten Mehrheit heutzutage abgelehnt werden, brauchen wir so etwas wie den großen Entwurf unserer Beispielmaxime.

Geist, Gehirn und humanistische Wertvorstellungen

> *... und in der Seele des Menschen:*
> *eine Bewegung und einen Geist, der*
> *alle denkenden Dinge antreibt, alle Gegenstände allen Denkens*
> *und durch alle Dinge dahinströmt.*
>
> Wordsworth 1798

Protest aus wissenschaftsfeindlichen Kreisen

Wenn ich als Wissenschaftler gebeten werde, die heutige Hirnforschung und Verhaltenswissenschaft auf humanistische Folgewirkungen hin zu überprüfen, fühle ich mich oft unwillkürlich wie der Angeklagte, der in den Zeugenstand gerufen wird, um sich selbst zu verteidigen. Wie man heute schon im zweiten Schuljahr lernt, folgt auf jede Aktion eine gleichwertige, entgegengesetzte Reaktion; und auf die jüngsten spektakulären Fortschritte in der Naturwissenschaft erhoben sich prompt die entsprechenden wissenschaftsfeindlichen Gegenstimmen. Einige der Beschwerdepunkte sind sicher bekannt: nicht nur, daß die Wissenschaft im Begriff sei, uns alle in die Luft zu jagen oder uns, durch Programme zur Verringerung der Sterblichkeitsrate, einfach vom Globus hinunterzudrängen, nein, sogar die guten Dinge, die die Naturwissenschaft uns gebracht hat – die Gesamtsumme all der »besseren Dinge für ein besseres Leben« –, hätten es, wie wir hören, nicht geschafft, Wesentliches zu einer echten Zufriedenheit mit dem Leben beizutragen. Und dort, wo es um die tieferen humanistischen Belange, die Gründe für unser Dasein und um Sinn und Wert des Ganzen geht, scheine die Wissenschaft nur wegzunehmen und zu zerstören, sagen sie; schließlich lehne sie es prinzipiell ab, für ihre Handlungen Rechenschaft abzulegen oder überhaupt in Wertdiskussionen verwickelt zu werden.

Einigen erscheint sogar der objektive erklärende Fortschritt, den die Wissenschaft in Richtung auf die Wahrheit und das große, zentrale Geheimnis des Universums machen soll, allmählich wie ein handliches System aus humanoiden Mutmaßungen und entsprechenden Wahrscheinlichkeiten, bei dem jedoch die Möglichkeit echter Verifizierung nicht gegeben ist. Andere vergleichen unsere Fortschritte in der Ausdeutung der Natur mit dem Eindringen in ein riesiges Labyrinth, das immer düsterer wird und dessen innerste Kammer, sollte ein Wissenschaftler sie je erreichen, wahrscheinlich so gut wie nichts oder vielleicht gerade die Widerspiegelungen seiner eigenen Denkvorgänge enthält. Ferner sehen wissenschaftsfeindliche Kreise ebenso schnell, wie unsere Kenntnisse und Kontrolle über die Natur zunehmen, die Bedeutung des Menschen in dem großen Entwurf schwinden.

Bevor ich fortfahre, sollte ich besser erklären, daß der oben und im Titel hergestellte Zusammenhang mit moralischen Werten nicht von ungefähr kommt, obwohl ich mir der Tatsache durchaus bewußt bin, daß jede Vermischung von Ethik und Wissenschaft auf manche Kreise leicht wie ein rotes Tuch wirkt. Einige von uns wundern sich vielleicht schon: »Seit wann tun Wissenschaftler so, als hätten sie einen Freibrief für Wertdiskussionen in der Tasche?« Werturteile liegen, wie wir alle gehört haben, außerhalb des Aufgabenbereichs der Naturwissenschaft. Ethische Probleme sind etwas für Päpste und Propheten, für Philosophen und vielleicht für Pfadfinder- und CVJM-Führer, aber nicht für Naturwissenschaft und -wissenschaftler. Als Hirn- und Verhaltensforscher konnte ich das nie so recht akzeptieren. Es scheint mir dasselbe zu sein wie die Aussage, Werturteile lägen jenseits unseres Erkenntnis- und Verständnishorizonts. Es ist, als hätte jemand verlangt, die beste uns bekannte Methode, mit der das menschliche Gehirn an Verständisprobleme herangeht, auszuschalten, sobald moralische Werte und Überzeugungen ins Spiel kommen. Fast ebensogut könnte man behaupten, die Wirtschaftswissenschaften segelten in der National Science Foundation unter falscher Flagge und müßten entlarvt und hinausgeworfen werden! Und schließlich klingt es wie die Feststellung, die Naturwissenschaft könne nur mit solchen Phänomenen und Ergebnissen der Evolution umgehen, die zeitlich vor dem Auftauchen höher entwickelter Gehirne mit ihren Wünschen, Bedürfnissen, zielgerichteten Fähigkeiten und natürlich den entsprechenden, von ihnen geschaffenen Wertordnungen lagen.

Werte haben natürliche und logische Ursprünge. Sie stehen innerhalb logischer, hierarchisch aufgebauter Systeme in gegenseitiger Abhängigkeit und Wechselbeziehung. Über diese Systeme und ihre Störungen sollten heute Untersuchungen angestellt und Analysen, vielleicht Voraussagen und sogar computergestützte Experimente auf Modellbasis gemacht werden. Ich habe mich immer gefragt, ob es nicht einen recht geringen Schaden, auf lange Sicht aber einen großen Nutzen bedeuten könnte, selbst unsere am höchsten geachteten traditionellen und kulturellen Werte dem frischen Wind wissenschaftlicher Skepsis und Forschung auszusetzen.

Auswirkungen der modernen Hirnforschung auf die Geisteswissenschaften

Wir können uns nun unserer Hauptfrage zuwenden: Was waren bis Mitte der sechziger Jahre die wichtigsten Konsequenzen aus der neueren Entwicklung in den mit Gehirn und Bewußtsein befaßten Naturwissenschaften für die Geisteswissenschaften? Auf den ersten Blick muß dem Geisteswissenschaftler die Erfolgsbilanz der Neuro- und Verhaltenspsychologie der letzten fünfzig Jahre weniger wie eine Liste positiver Beiträge und Fortschritte als vielmehr wie ein Register schwerer Straftaten erscheinen. Die Anschuldigungen, die wissenschaftsfeindliche Kreise in dieser Hinsicht vorbringen können, sind gar nicht so unbedeutend. Vor den Anfängen der Naturwissenschaft hatte der Mensch zum Beispiel Grund zu glauben, er besäße einen schöpferischen, mit so etwas wie »Bewußtsein« erfüllten Geist. Unsere moderne objektive experimentelle Psychologie und die Neurowissenschaften ganz allgemein trieben dem menschlichen Hirn diese Wahnvorstellung gründlich aus und machten dabei nicht nur das Bewußtsein, sondern auch die meisten anderen geistigen Komponenten der menschlichen Natur einschließlich der unsterblichen Seele überflüssig. Vor Beginn der wissenschaftlichen Forschung hielt der Mensch sich für ein geistig freies Subjekt mit einem freien Willen. Die Naturwissenschaft klärt uns darüber auf, daß der freie Wille nur eine Illusion ist, und gibt uns statt dessen den kausalen Determinismus. Wo menschliches Verhalten früher noch Sinn und Zweck hatte, zeigt die Wissenschaft uns heute eine komplizierte biophysikalische Maschine mit positivem und negativem Feedback, deren durchweg materielle Elemente ohne Ausnahme den unerbittlichen und universellen Gesetzmäßigkeiten der Physik und Chemie gehorchen. Dank Freud und einiger Unterstützung durch die Astrophysik kann der Naturwissenschaft überdies vorgehalten werden, sie habe unserem Denken einen himmlischen Vater mitsamt dem Himmel genommen. Freuds verheerende Anklage steht bei vielen in dem Ruf, einen Großteil unserer formalisierten Religion zu kaum mehr als den Symptomen einer Neurose degradiert zu haben.

Dem Ich des Menschen und seinem Erbe ist es nicht viel besser ergangen. Dank Charles Darwin und wiederum Freud tritt der Mensch heute ins Leben, ohne »Wolken des Ruhms hinter sich herzuziehen«, wie der Dichter es einst formulierte; statt dessen zieht er Wolken einer Dschungel-Mentalität und Bestialität nebst der Veranlagung zu ödipalen und anderen Komplexen hinter sich her. Die Tünche der Zivilisation wird als oberflächlich betrachtet, und wenn sie dünner wird oder abblättert, kommt schnell das Tierische in uns zum Vorschein. Angesichts dieser und der damit verbundenen Angriffe der Wissenschaft auf Wert und Sinn der menschlichen Natur und Existenz kann man verstehen, weshalb humanistische Denker andere Wege zur Wahrheit suchen. Der Naturwissenschaftler hingegen sieht durch das gegenwärtige düstere Bild sein Glaubensbekenntnis, nach dem es besser ist, die wenn auch enttäuschende Wahrheit zu kennen und mit ihr statt mit falschen Voraussetzungen und illusorischen Werten zu leben, auf eine harte Probe gestellt.

Ich finde, daß mein eigenes begriffliches Arbeitsmodell des Gehirns Schlüsse impliziert, die zu vielen der oben angeführten Punkte in direktem Widerspruch stehen. Vor allem der gesamten materialistisch-reduktionistischen Konzeption vom menschlichen Wesen und Bewußtsein, die aus dem derzeit vorherrschenden objektiv-analytischen Ansatz in der Erforschung von Gehirn und Verhalten hervorzugehen scheint, muß ich energisch widersprechen. Wenn wir uns dazu verleiten lassen, auf diesen und angrenzenden Gebieten die Implikationen des modernen Materialismus höher einzustufen als ältere, idealistische Werte, fürchte ich, daß wir reingelegt worden sind, daß die Wissenschaft der Gesellschaft und sich selbst ein recht fragwürdiges Paket aufgeschwätzt hat. Der Platz würde hier nicht ausreichen, um die ganze Geschichte, die hinter diesen Bemerkungen steht, zu erzählen; deshalb will ich versuchen, eine Auswahl zu treffen und mich auf das zu konzentrieren, was die zentralen Punkte sein könnten. Wenn die wesentliche Grundlage der materialistischen Anschauung untergraben werden kann, treten hoffentlich auch die daraus folgenden Risse in den oberen Strukturen deutlich zutage.

Die zentrale Frage: Was ist das Bewußtsein?

Die meisten der erwähnten Widersprüche drehen sich um einen zentralen Punkt, von dem sie direkt oder indirekt abhängen und der sich aus folgender Frage ergibt: Ist es theoretisch oder auch nur im Prinzip möglich, ein vollständiges objektives Erklärungsmodell der Hirnfunktionen zu entwerfen, ohne das Bewußtsein in diese Kausalkette einzubeziehen?

Wenn die in der Hirnforschung dominierende Ansicht richtig ist, nach der Bewußtsein und geistige Kräfte im allgemeinen in unserem objektiven Erklärungsmodell nicht berücksichtigt werden müssen, dann steht am Ende unweigerlich der Materialismus mit all seinen Implikationen. Sollte sich dagegen herausstellen, daß bewußte geistige Kräfte tatsächlich die Ausbreitung von Nervenimpulsen sowie andere biochemische und biophysikalische Vorgänge im Gehirn steuern und lenken und sie deshalb als wichtige Bestandteile in die objektive Kette von Kontrollmechanismen aufgenommen werden müssen, dann kommen wir am entgegengesetzten Ende heraus: beim Mentalismus und einem völlig anderen, auf der ganzen Linie idealistischeren Wertkanon. Wir haben es hier mit der alten Leib-Seele-Dichotomie zu tun, dem uralten Problem von Geist versus Materie, der Streitfrage von Geistigem versus Materiellem. Seit der Mensch anfing, über seine Innenwelt nachzudenken und ihre Beziehung zur äußeren, »realen« Welt in Frage zu stellen, sind darüber stapelweise Bücher geschrieben worden und Philosophien daran gescheitert.

Wir wollen uns zunächst den Einwänden gegen die Begriffe Bewußtsein und Geist stellen, wie sie heute von der objektiven experimentellen Psychologie, der Psychobiologie, Neurophysiologie und den angrenzenden Wissenschaftszweigen abgegeben werden. Der beste Weg, mit Bewußtsein oder introspektiver, subjektiver Erfahrung umzugehen, so lehren diese Disziplinen, sei der, sie gar nicht zu beachten. Bewußte Gedanken und Gefühle können nicht gemessen oder gewogen werden; man kann sie weder mit den Mitteln der Zentrifugierung, Photographie, Chromatographie oder Spektrographie erfassen noch anderweitig aufzeichnen oder mit Hilfe irgendeiner wissenschaftlichen Methode objektiv erforschen. Als eine Art introspektives, privates, geistig-seelisches Etwas, das nur der einen erlebenden Person zugänglich ist, müssen sie einfach aus Gründen der Zweckmäßigkeit aus jedem wissenschaftlichen Modell oder Erklärungsversuch ausgeklammert werden.

Überdies glaubt der moderne Hirnforscher, er habe eine recht gute Vorstellung von den Dingen, die die Nervenzellen im Gehirn erregen und feuern lassen. Veränderungen an der Zellmembran, Ionenstrom, chemische Transmitter, prä- und postsynaptische Potentiale, Natriumpumpeneffekte und ähnliche Vorgänge werden wohl auf seiner Liste annehmbarer kausaler Einflüsse stehen – nicht aber das Bewußtsein. Im objektiven Erklärungsansatz rangiert das Bewußtsein auf dem Bild der Kausalzusammenhänge eindeutig als Hintergrundfigur. Es wurde auf den untergeordneten Rang eines irrelevanten Nebenprodukts, eines Epiphänomens verwiesen oder, in den meisten Fällen, gerade noch den eines inneren Aspekts des einen materiellen Geschehens im Gehirn. Naturwissenschaftler können das Gehirn als ein komplexes elektrochemisches, mit Nervenimpulsleitungen und anderen kausal gerichteten chemischen und physikalischen Phänomenen vollgepfropftes Kommunikationsnetz betrachten, in dem alle Elemente durch fundierte Gesetze der Physik, Chemie, Physiologie und so weiter bewegt werden; nur wenige sind jedoch bereit, das Wirken mentaler oder bewußter Kräfte in diesem kausalen Apparat zuzulassen.

Das ist die generelle Haltung der modernen Verhaltenswissenschaft, aus der die heute vorherrschende objektive, mechanistische, materialistische, behavioristische, fatalistische, reduktionistische Ansicht vom Wesen des Geistes und der Psyche stammt. Diese Denkweise ist selbstverständlich nicht auf unsere Laboratorien und Unterrichtsräume beschränkt. Sie wird publik und verbreitet sich, und obwohl sie den Gesellschaften der westlichen Welt nie als offizielle Lehre vorgeschrieben wurde, begegnen wir doch auf Schritt und Tritt dem beherrschenden Einfluß des schleichenden Materialismus.

Nachdem wir nun Materialismus und Mentalismus derart in Kampfstellung gebracht haben, müssen wir wohl alle zugeben, daß keiner von beiden aufgrund direkter, sachlicher Beweise den Sieg davontragen wird. Die Tatsachen reichen einfach nicht hin, um die richtige Antwort zu geben oder sich ihr auch nur anzunähern. Wir haben diese zentralen Vorgänge im Gehirn, mit denen das Bewußtsein vermutlich verbunden ist, einfach noch nicht verstanden. Sie liegen so weit außerhalb unseres derzeitigen Begriffsvermögens, daß meines Wissens bisher niemand in der Lage war, sich ihre Beschaffenheit auch nur vorzustellen. Wir sprechen hier vom Gehirncode, der physiologischen Sprache der beiden Hirnhälften. Es gibt gute Gründe für die Vermutung, daß diese Sprache aus Nervenimpulsen sowie damit verbundenen Erregungseffekten in Nervenzellen und -fasern und vielleicht auch jenen Gliazellen besteht, deren Zahl die der Nervenzellen im Gehirn im Verhältnis 10 zu 1 übersteigen soll. Auf sicherem Boden stünden wir wahrscheinlich auch mit der unverbindlichen Aussage, daß der Gehirncode sich aus raumzeitlichen Erregungsmustern zusammensetzt. Wenn es aber gilt, sich die entscheidenden Variablen in diesen Mustern, die mit den uns bekannten Variablen im geistig-seelischen, bewußten Erleben korrelieren, auch nur vorzustellen, sind wir hoffnungslos verloren.

Zudem scheinen die in direkter Beziehung zum Bewußtsein stehenden zentralen Unbekannten auf der Input- wie auf der Outputseite des Gehirns mit weiteren Randzonen physiologischer Unbekannten recht gut gepolstert zu sein. Unser Erklärungsmodell für das Funktionieren des Gehirns ist einigermaßen zufriedenstellend, was die Leitungsbahnen für den sensorischen Input und den distalen Anteil des motorischen Outputs angeht. Der gesamte große Zwischenbereich jedoch, wo die ankommenden exzitatorischen Botschaften auf die Großhirnrinde stoßen, wird heute immer noch sehr treffend als die »geheimnisvolle Black box« bezeichnet.

Daraus nun den Schluß zu ziehen, bewußte, geistige oder psychische Kräfte seien nicht dazu angetan, diese Lücke in unserem Erklärungsmodell zu schließen, hieße zumindest, sich weit über die Tatsachenkenntnis hinaus auf das Gebiet der Intuition und Spekulation zu begeben. Die Materialismus-Doktrin in der Verhaltenswissenschaft, die gerne mit einem exakten wissenschaftlichen Ansatz gleichgesetzt wird, beruht also allem Anschein nach auf einem unhaltbaren geistigen Schlußfolgerungsprozeß, der weit über den objektiven Nachweis hinausgeht und sich demzufolge auf die Kardinalsünde der exakten Wissenschaft stützt. Hier und da stößt man in der Fachliteratur immer noch auf ein Quentchen letzter Achtung, die der Psyche, vielleicht in Form einer »letzten Ölung«, gezollt wird. So etwa bei Charles Sherrington, der die mögliche Koexistenz zweier getrennter phänomenologischer Bereiche im Gehirn akzeptiert, und bei Carl Rogers, der das innere Erleben des Menschen ebenso anerkannt wissen will wie die Gehirnmechanismen in der objektiven Psychologie. In der Existenz zweier so unterschiedlicher Bereiche sieht Rogers ein bleibendes Paradox, mit dem zu leben wir alle lernen müssen. Aber selbst die Dualisten sind heute mehr oder weniger bereit, sich die von den meisten Hirnforschern – nach meinem Dafürhalten bis zu 99,9 Prozent – vertretene Auffassung zu eigen zu machen, daß bewußte geistige Kräfte gefahrlos außer acht gelassen werden können, solange es um die objektive wissenschaftliche Erforschung des Gehirns geht.

Eine mentalistische Position als Alternative

Auf den folgenden Seiten werde ich mich der ungefähr 0,1 Prozent starken mentalistischen Minderheit anschließen, deren Haltung zugegebenermaßen ebenfalls weit über die Tatsachen hinausgeht. Es handelt sich allerdings um eine Position, die mir ebenso überzeugend erscheint wie die oben skizzierten, die aber noch ein bißchen attraktiver ist. In meinem eigenen hypothetischen Gehirnmodell erhält Bewußtsein als ein sehr realer, kausaler Faktor Sitz und Stimme und verdient in der kausalen Kette von Kontrollmechanismen innerhalb der Gehirntätigkeit, in der es sich als eine aktive, operationale Kraft zeigt, einen herausragenden Platz. Alle Modelle und Beschreibungen, die bewußte Kräfte unberücksichtigt lassen, müssen aus dieser Sicht höchst unvollständig und unbefriedigend sein. In diesem System wird das Bewußtsein keineswegs als ein irrelevantes »Nebenprodukt«, ein »Epiphänomen« beiseite geschoben oder, wie heute üblich, als »innerer Aspekt« abgetan; statt dessen wird es nach vorn und ins Zentrum verlegt, mitten in das kausale Wechselspiel der Gehirnmechanismen. Geist und Bewußtsein werden gewissermaßen auf den Fahrersitz verfrachtet; sie geben die Befehle und stoßen und zerren die physiologischen, physikalischen und chemischen Prozesse genauso herum, wie diese sie dirigieren, wenn nicht noch mehr. In diesem System wird der Geist in gewissem Sinne wieder über die Materie gestellt und nicht unter ihr, außerhalb ihrer oder neben ihr angesiedelt. Dieses System schätzt Ideen und Ideale höher ein als physikalisch-chemische Wechselwirkungen, die Ausbreitung von Nervenimpulsen und die DNA. Es ist das Gehirnmodell, in dem bewußte, geistig-seelische Kräfte als krönender Abschluß einer Evolution von fünfhundert Millionen oder mehr Jahren anerkannt werden.

Wie sieht aber nun die Argumentation zugunsten des Mentalismus aus, derzufolge Ideen und andere mentale Entitäten die physiologischen und biochemischen Vorgänge im Gehirn herumschubsen? Sie ist ganz einfach und lautet folgendermaßen: Als erstes wird behauptet, Geist und Bewußtsein seien dynamische, emergente (Struktur- oder Gestalt-) Eigenschaften des lebenden, aktiven Gehirns. Für diesen ersten Punkt finden sich gewöhnlich noch eine Menge »Abnehmer«, darunter auch so unsentimentale Hirnforscher wie zum Beispiel der ausgezeichnete Neuroanatom C. J. Herrick. Beim zweiten Punkt geht die Argumentation einen entscheidenden Schritt weiter und beharrt darauf, daß diese emergenten Eigenschaften im Gehirn Kausalwirkung besitzen – genau wie anderswo im Universum auch. Und da haben wir die einfache Antwort auf das uralte Rätsel des Bewußtseins. Wer sagte doch, nichts sei so einfach wie die Lösung von gestern und nichts so kompliziert wie das Problem von morgen?

Lassen Sie uns aber die Antwort noch ein bißchen spezifizieren, da diese ganze Angelegenheit bisweilen recht verwirrend und kompliziert war. Um es ganz einfach zu formulieren: Es läuft auf die Streitfrage hinaus, wer wen innerhalb des Kollektivs kausaler Kräfte in unserem Schädel herumschubst. Anders ausgedrückt geht es darum, die Hackordnung unter diesen Kontrollfaktoren klarzustellen. In unserem Schädel existiert ein ganzer Kosmos verschiedener Kausalkräfte, wie wir ihn sonst nirgends im Universum auf 1450 Kubikzentimetern finden. Auf den untersten Stufen dieses Systems haben wir örtlich begrenzte Aggregate aus sechzig oder mehr Typen von Elementarteilchen, die innerhalb der Neutronen und Protonen ihrer jeweiligen Atomkerne mit großer Energie aufeinander einwirken. Diese Entitäten haben natürlich bei der eigentlichen Gehirntätigkeit nicht viel mitzureden. Wir können sie getrost vergessen, weil sie alle von ihren atomaren Aufsehern gefangen- und in Reih und Glied gehalten werden. Die Atomkerne mit den zugehörigen Elektronen stehen selbstverständlich auch unter strenger Kontrolle. Die verschiedenen atomaren und subatomaren Elemente sind »molekülgebunden«, das heißt, sie werden von den weiterreichenden räumlichen und konfigurativen Kräften der sie umfassenden Moleküle herumgezerrt und -gestoßen.

In ähnlicher Weise werden wiederum die Moleküle durch ihre jeweiligen Zellen und Gewebe ganz schön in Schach gehalten und herumkommandiert. Die Moleküle des Gehirns müssen sich zusammen mit all ihren inneren atomaren und subatomaren Teilen und den Partnermolekülen in ihrer unmittelbaren Umgebung einem raumzeitlichen Aktivitätsverlauf unterwerfen, der für die Lebensdauer einer jeden Zelle durch die übergreifenden dynamisch-räumlichen Eigenschaften der Gesamtzelle als Einheit weitestgehend determiniert ist. Und doch haben selbst die Gehirnzellen mit ihren langen Fasern und impulsleitenden Fähigkeiten kaum darüber zu befinden, wann oder in welchem Rhythmus sie zum Beispiel ihre Botschaften abfeuern werden. Die Tagesbefehle zum Feuern kommen von höherer Stelle.

Mit anderen Worten, Fluß und zeitliche Steuerung der Impulsleitung durch jede Gehirnzelle oder sogar durch einen Zellverband im Gehirn werden größtenteils von den allumfassenden Eigenschaften des gesamten zerebralen Schaltsystems, zu dem die betreffenden Zellen und Fasern gehören, bestimmt und desgleichen durch die Beziehung dieses Schaltsystems zu anderen Systemen. Darüber hinaus können die dynamischen Eigenschaften des Zentralnervensystems als Ganzem und die Art, wie diese Eigenschaften den Fluß der Impulse durch das System lenken und beeinflussen – das heißt, die allgemeinen Schalteigenschaften des gesamten Gehirns –, von einer Minute auf die andere radikale und weitreichende Veränderungen durchmachen, und zwar nur durch das plötzliche Einsetzen eines fördernden »Bahnungsprozesses« im Gehirn. Diese Bahnung ist ein wechselndes Muster zentralnervöser Erregung, das eine Gruppe von Schaltbahnen mit ihren besonderen, für sie typischen Eigenschaften öffnet oder zum Feuern vorbereitet, während es zugleich unendlich viele andere Schaltungsmöglichkeiten verschließt, unterdrückt oder hemmt, die sonst offen und für die Impulsleitung zugänglich sein könnten. Diese Veränderungen der neuronalen Reaktionsbereitschaft sind zum Beispiel für Dinge wie eine Aufmerksamkeitsverlagerung, einen gedanklichen Umschwung, eine Gefühlsschwankung oder eine neue Einsicht verantwortlich. Kurz gesagt: Steigt man in der Befehlskette im Gehirn immer weiter nach oben, findet man ganz an der Spitze jene übergreifenden strukturierenden Kräfte und dynamischen Eigenschaften der weitgespannten zerebralen Erregungsmuster, die psychischen Zuständen oder geistiger Aktivität entsprechen. Und damit nähern wir uns unserem Hauptpunkt.

Wir können dieses Argument noch einen Schritt weitertreiben, indem wir uns ein anschauliches Beispiel für eine dieser mentalen Entitäten ansehen. Der Einfachheit halber soll es ein elementarer Sinneseindruck sein. Anstelle des alten Lieblings der Philosophie, der Farbe Rot (über deren philosophischen und geographischen Ort man sich mitunter nicht ganz einig zu sein scheint), wollen wir uns ein anderes Beispiel vornehmen: den Schmerz. Genauer gesagt wollen wir über Schmerzen in Daumen und Fingern der linken Hand sprechen und diese noch näher bestimmen als Schmerzen in der Hand eines vor einigen Monaten oberhalb des Ellbogens amputierten Arms. Sie werden sich erinnern, daß Phantomschmerzen, die man über den Kopf lokalisieren kann, durchaus nicht leichter zu ertragen sind als Schmerzen, die man in einem noch vorhandenen Glied empfindet. Anhand dieses Beispiels wird es für uns allerdings leichter sein, auf den wirklichen Sitz unseres bewußten Geistes zu schließen.

Hinsichtlich des Phantomschmerzes behaupte ich, daß alles Stöhnen, das er unserem Patienten entlockt, und alle anderen Reaktionsoder Verhaltensmuster, die vielleicht auf die Schmerzempfindung zurückgeführt werden, tatsächlich ihre Ursache nicht in der Biophysik, Chemie oder Physiologie der zerebralen Erregung als solcher haben, sondern in der Schmerzqualität, der Eigenschaft des Schmerzes per se. Damit kommen wir nun zum springenden Punkt in unserer Argumentation. Nervenerregungen gehören natürlich ebenso zur Lust wie zum Schmerz, und dasselbe gilt für jeden anderen Sinneseindruck. Entscheidend ist die unverwechselbare Struktur des zentralnervösen Erregungsverlaufs, die eben Schmerz und nicht irgend etwas anderes produziert. Es ist die umfassende Funktionseigenschaft dieses Schmerzmusters als eines Erregungsmusters, das in der Ursachenkette der Gehirnaktivität eine entscheidende Rolle spielt. Dieses Muster hat eine eigene Dynamik, deren qualitative Auswirkung unter funktionellen und operationalen Aspekten und hinsichtlich ihres Einflusses auf ein lebendes, nicht betäubtes Gehirn begriffen werden muß. Gerade dieser umfassende Mustereffekt in der Gehirndynamik macht die Schmerzqualität des bewußten Erlebens aus. Der Versuch, das Schmerzmuster oder irgendwelche anderen geistig-seelischen Qualitäten nur unter dem Gesichtspunkt der raumzeitlichen Anordnung von Nervenimpulsen zu erklären, ohne auf die geistigen Eigenschaften und Qualitäten selbst einzugehen, wäre ebenso ungeheuerlich wie das Unterfangen, irgendeine aus der endlosen Vielfalt komplexer Molekularreaktionen, die die Biochemie kennt, ausschließlich anhand der

Eigenschaften von Elektronen, Protonen, Neutronen und ihrer Elementarteilchen plus (und das ist natürlich ausschlaggebend) ihrer raumzeitlichen Beziehungen beschreiben zu wollen. Durch die Berücksichtigung dieser Beziehungen wird eine solche Beschreibung wahrscheinlich theoretisch machbar, aber unglaublich sinnlos. Im übrigen wird die Naturwissenschaft in dem Moment, wo sie in der Lage ist, die entscheidenden Details des Erregungsmusters einer bewußten Erfahrung in den erforderlichen funktionalen Rahmenbedingungen zu beschreiben, im Grunde die psychische Kraft oder Eigenschaft selbst beschreiben. Wenn wir einen solchen Punkt erreicht haben, wird die geistig-seelische Kraft als solche erkannt sein, und wir werden ihr einen entsprechenden Namen geben – zumindest ist das die Hypothese, die ich hier aufstellen möchte.

Geist über Materie

Vielen Lesern wird aufgefallen sein, daß ich mich durch diese ganze Diskussion hindurch auf die Emergenzkonzepte von Lloyd Morgan (1852–1936) und anderen und die entsprechenden Gestalt- und Feldbegriffe aus der Gestaltpsychologie gestützt habe. Die Schule der Gestaltpsychologie und -theorie irrte sich erst da, wo sie sich ins Gehirn vorwagte und ihre Struktureigenschaften unmittelbar von der äußeren Welt und den Sinnesorganen auf die Großhirnrinde zu übertragen versuchte. Die zentrale, emergente, psychische Kraft im Gehirn, so, wie wir sie uns vorstellen, ist nicht eine einfache Hülle oder Ganzeigenschaft oder irgendeine andere Form von »isomorph«, wie die Gestaltschule sie verstehen wollte. Sie ist vielmehr ein Funktionsmuster, das in völlig neuen Begriffen erarbeitet werden muß, nämlich in Begriffen der funktionellen Verschaltungen des Gehirns, mithin des immer noch nicht bekannten Gehirncodes.

Über einfachen Schmerz und andere Sinneseindrücke in der Gehirndynamik hinaus finden wir natürlich die komplexeren, aber ebenso wirksamen Kräfte, die man Wahrnehmen, Fühlen, Denken, Glauben, Verstehen, Urteilen, Erkennen und so weiter nennt. Im fortschreitenden Fluß bewußter Gehirnzustände, in dem ein Zustand den nächsten anregt, sind sie die Art dynamischer Entitäten, die die Spielzüge bestimmen. Genau diese übergreifenden geistigen Kräfte lenken und beeinflussen den inneren Erregungsverlauf einschließlich seiner elektrochemischen und biophysikalischen Aspekte. Bei dem Versuch, sich geistige Fähigkeiten, wie sie oben beschrieben wurden, vorzustellen, muß man sich unbedingt der Tatsache bewußt sein, daß all die einfacheren, elektrischen, atomaren, molekularen, zellulären und physiologischen Kräfte natürlich nach wie vor präsent sind und auch weiterhin auf ihrer jeweiligen Stufe funktionieren. Keine einzige ist aufgehoben, nur wurden diese Kräfte und Eigenschaften auf niedrigerer Ebene von denen auf immer höheren Organisationsstufen überbaut und gewissermaßen eingefaßt. Wir müssen insbesondere daran denken, daß ja zur Übertragung der Nervenimpulse all die elektrischen, chemischen und physiologischen Gesetze auf der Ebene der Zelle, der Nervenfaser und der synaptischen Verbindung immer noch in Kraft sind. Außerdem dürfen wir nicht vergessen, daß ein einwandfreies Funktionieren auf der obersten Stufe immer von einem normalen Betrieb auf den darunterliegenden abhängt.

Fast an der Spitze dieser Befehlshierarchie im Gehirn – und damit kommen wir wieder auf ein eher geisteswissenschaftliches Gebiet zurück – finden wir die Ideen. Menschen haben, im Unterschied zu niedrigeren Tieren, Ideen und Ideale. In unserem hier vorgestellten Gehirnmodell wird die Kausalwirkung einer Idee oder eines Ideals ganz genauso real wie die eines Moleküls, einer Zelle oder eines Nervenimpulses. Ideen gebären Ideen und tragen zur Entwicklung neuer Ideen bei. Sie stehen miteinander in Wechselwirkung ebenso wie mit anderen geistigen Kräften im selben Kopf, in benachbarten Köpfen und, dank der weltweiten Kommunikationsmöglichkeiten, in weit entfernten, fremden Köpfen. Und sie unterhalten auch eine Wechselbeziehung zur äußeren Umgebung, um alles in allem einen explosionsartigen Fortschritt in der Evolution zu bewirken, der weit über allen Erfolgen liegt, die bisher auf der Evolutionsbühne zu bestaunen waren, das Auftauchen der lebenden Zelle eingeschlossen.

In dem hier erläuterten System wird das Wechselspiel seelischer und geistiger Kräfte, auch wenn es – wie das Innere der Erde – zum gegenwärtigen Zeitpunkt nur indirekt zugänglich ist, grundsätzlich zu einem geeigneten Objekt wissenschaftlicher Forschung. Abgesehen von Fragen der Komplexität und einer adäquaten Vorgehensweise schiene im Prinzip nichts dagegen zu sprechen, daß geistige Phänomene endlich einer objektiven, wissenschaftlichen Betrachtung unterzogen werden. In der modernen Literatur zu diesem Thema sind Stellungnahmen zu finden, die die Hoffnung dämpfen, der menschliche Geist sei in der Lage, seine eigene Struktur im Rahmen seiner Vorstellungswelt zu erklären; das regelmäßig wiederkehrende Argument lautet, daß vom logischen Standpunkt her kein Mechanismus, ob lebendig oder nicht, eine vollständige Beschreibung seiner selbst in sich enthalten kann. Bei solchen Behauptungen müssen Sie allerdings immer das Wort »vollständig« unterstreichen und sich überlegen, wie viele – wenn auch unvollständige – Erklärungsmöglichkeiten dann immer noch übrigbleiben. Unterstreichen Sie auch das Wort »seiner selbst«, und denken Sie daran, daß diese Art von Logik den Intellekt eines Menschen nicht daran hindert, eine vollständige Beschreibung des Intellekts seines Mitmenschen zustande zu bringen oder diese Beschreibung anderen Mitmenschen weiterzugeben, mit Ausnahme desjenigen, den er beschrieben hat.

Geteiltes Gehirn, geteiltes Bewußtsein

Damit ein außenstehendes, zweites Gehirn die subjektiven Qualitäten in einem beobachteten Gehirn unmittelbar erleben könnte, müßte das Beobachtergehirn wohl mit dem beobachteten parallelgeschaltet und direkt an die in Frage kommende spezialisierte Verschaltung angeschlossen werden. Das scheint unter normalen Bedingungen in nächster Zukunft nicht machbar zu sein. Genau dieser Situation scheinen wir uns jedoch in neueren, experimentellen Untersuchungen zu nähern, bei denen die Gehirne von Katzen und Affen entlang der Scheitellinie in rechte und linke Hälften geteilt werden. Bei dem chirurgischen Eingriff können ein paar Querverbindungen (Kommissuren, Kommissurenfasern oder -bahnen, A. d. Ü.) zwischen ausgewählten gepaarten Hirnzentren der rechten und linken Seite bestehenbleiben. Bei vollständiger medianer Durchtrennung entstehen zwei eigene Geistesarten, die unabhängig voneinander fühlen, wahrnehmen, lernen und sich erinnern. Jede Hälfte scheint ihren besonderen Bereich geistiger Bewußtheit zu besitzen, und beiden fehlt anscheinend gleichermaßen der Kontakt zu den geistigen Bildern der anderen Hälfte, wie es bei zwei Gehirnen in getrennten Schädeln der Fall ist. Bleibt aber ein Bündel von Kommissurenfasern intakt, die zum Beispiel die

Seh- oder Tastzentren beider Seiten miteinander verbinden, scheint das bewußte, subjektive Erleben der einen Hälfte für die andere zugänglich.

Dasselbe Phänomen kann man auch bei Untersuchungen an menschlichen Patienten beobachten, die sich aus medizinischen oder therapeutischen Gründen demselben chirurgischen Eingriff unterzogen haben und bei denen Kommissurenbahnen zwischen den tiefer gelegenen Gehirnzentren, die bei Affekten und Gefühlen eine Rolle spielen, unversehrt geblieben sind. Während das Erkennen, Wahrnehmen, Erinnern und ähnliche geistige Prozesse der rechten Hirnhälfte bei diesen Patienten zu den entsprechenden Vorgängen in der linken Hemisphäre überhaupt keinen Kontakt zu haben scheinen, sieht es so aus, als teilten beide das emotionale Erleben der anderen. Wenn zum Beispiel über den Gesichtssinn ein Gefühl ausgelöst wird, indem man in eine Serie optisch-geometrischer Reize, die nur der rechten Hirnhälfte dargeboten werden, ganz unvermutet das Foto eines nackten Pin-up-Girls einfügt, geht aus der sprachlichen Äußerung über die andere Hälfte (die dem Reiz nicht ausgesetzt war) deutlich hervor, daß diese zweite Hemisphäre sich auch richtig verlegen fühlt – oder sonstwie, je nachdem. Sie hat jedoch keine Ahnung, warum und woher sie diese Gefühle bekommt.

Eine einheitstiftende Weltanschauung

Wenn Sie von hier aus zurückblicken, wird Ihnen auffallen, daß die frühere grundlegende Unterscheidung oder Dichotomie zwischen Mentalismus und Materialismus sich nach dieser Interpretation auflöst und die ehemaligen polaren Gegensätze in bezug auf menschliche Werte in diesem neuen Rahmen hauptsächlich zu reduktionistischen Irrtümern werden. Darin kann man wohl den alten »Nichts-anderes-als«-Fehlschluß erkennen, das heißt in unserem Fall die Tendenz, den menschlichen Geist auf nichts anderes als Gehirnmechanismen oder das Denken auf nichts anderes als einen Strom von Nervenimpulsen zu reduzieren. Für jene, die mit Bewußtseinstheorien vertraut sind, liegt die überraschende Wendung hier in dem Versuch, die emergenten Eigenschaften des bewußten Erlebens statt mit der äußeren Welt oder subjektiven Eindrücken oder Empfindungsmustern mit dem inneren

Gehirncode in Einklang zu bringen, und zudem natürlich in der entscheidenden Tatsache, daß diese geistigen Qualitäten ihren Platz innerhalb des Kausalgefüges bekommen haben. Wichtig ist dabei, daß wir die objektive Vorgehensweise der Naturwissenschaft keineswegs verworfen haben; was wir hier diskutieren, ist ein objektives Erklärungsmodell. Wir haben überhaupt nichts an der objektiven Methode auszusetzen, wohl aber an der lange gültigen Forderung nach Ausschluß geistiger Kräfte, psychischer Eigenschaften und bewußter Erlebnisqualitäten aus objektiven wissenschaftlichen Erklärungsverfahren.

Das vorliegende Schema würde den Geist wieder in das Gehirn der objektiven Wissenschaft zurückkehren lassen und ihm eine Position oberster Befehlsgewalt zuweisen. Wenn es korrekt ist, würde es die alten dualistischen Verwirrungen, die Dichotomien und Paradoxe auflösen und statt dessen ein einheitliches System aufstellen, das sich von den Elementarteilchen am Fuß der Hierarchie bis zu gedanklichen Vorstellungen an der Spitze erstreckt. Als wissenschaftliche Theorie des Bewußtseins würde es eine lange gesuchte, vereinheitlichende Sichtweise bieten, auf der wir unsere Konzeption der menschlichen Natur aufbauen könnten, jene Art von Anschauung, an der es Geisteswissenschaftlern lange Zeit gebrach und die kürzlich auch in Leitartikeln der Zeitschrift *Science* gefordert wurde. Überdies deutet dieses Schema eine mögliche Lösung nicht nur für die Beziehung zwischen Geist und Gehirn an, sondern auch für jene zwischen der äußeren Welt und ihrer Repräsentation im Gehirn, die seit den Tagen Platons ein weiteres Rätsel darstellt. Benutzt man diese Theorie als begriffliches Gerüst für die Errichtung eines philosophischen Gebäudes, stützt sie einen einzigen innerweltlichen Maßstab für die Bewertung von Mensch und Existenz. Mit Blick auf die ältere materialistische Doktrin kann man wohl zusammenfassend sagen, daß die Leugnung oder Herabwürdigung bewußter geistiger Kräfte in der objektiven Experimentalpsychologie der letzten fünfzig Jahre als taktisches Hilfsmittel für eine noch recht junge Wissenschaft vielleicht ganz sinnvoll war; eine solche Doktrin wird sich aber kaum als Fundament für eine Sozialphilosophie oder für kulturelle Werte eignen.

Mentale Selbstkontrolle und freier Wille

Eine andere ernste Gefahr für sorgsam gehegte Vorstellungen von der menschlichen Natur ist die wissenschaftliche Zurückweisung des freien Willens. Jede neue Entdeckung in den Verhaltenswissenschaften, sei sie durch eingepflanzte Elektroden, Psychomimetika*, die Psychiatercouch, Gehirnchirurgie, Prägung oder Skinner-Boxen zustande gekommen, scheint uns nur in dem alten Verdacht zu bestärken, daß der freie Wille reine Illusion ist. Je mehr wir über Gehirn und Verhalten lernen, desto deterministischer, gesetzmäßiger und kausaler kommt uns das Ganze vor. Versuche, dem menschlichen Gehirn durch Rückgriff auf verschiedene Formen der Indeterminiertheit – physikalische, logische, emergente oder ähnliche – wieder zu freiem Willen zu verhelfen, haben meiner Ansicht nach nicht viel mehr bewirkt, als unser Benehmen vielleicht mit einem Schuß unvorhersehbarer Launen anzureichern, auf die die meisten von uns lieber verzichten würden. Weder die Naturwissenschaft noch die Philosophie scheinen bisher in der Lage zu sein, im Gehirn irgendwelche befriedigenden Ausnahmen vom fortschreitenden Fluß kausaler Determination zu entdecken.

Bevor jedoch unsere Verwirrung über all das gar zu groß wird, wollen wir uns ein paar anderen Punkten zuwenden, die wir im Auge behalten sollten. Sie laufen allesamt auf die Schlußfolgerung hinaus, daß wir in dieser ganzen Angelegenheit vielleicht überhaupt keine freie Wahl haben wollten, selbst wenn man sie uns gäbe, das heißt, wir würden es wahrscheinlich vorziehen, dem Determinismus auch weiterhin die Herrschaft zu überlassen, so, wie die Naturwissenschaft es postuliert. Dabei dürfte klar sein, daß die hier angesprochene Art von Determinismus nicht die auf atomarer, molekularer oder zellulärer Ebene ist, sondern diejenige, die auf der Ebene der Bewußtseinstätigkeit zum Tragen kommt und das Wechselspiel von Ideen, Denkprozessen, Beurteilungen, Gefühlen, Einsichten und so fort umfaßt.

Das vorliegende Gehirnmodell stattet uns sehr großzügig mit den geistigen Kräften und Fähigkeiten zur Entscheidung über unser eigenes Handeln aus. Es sieht einen hohen Grad an Unabhängigkeit von

---

* Substanzen, durch die psychoseähnliche Symptome, sog. experimentelle Psychosen (»Modellpsychosen«) erzeugt werden. A. d. Ü.

äußeren Kräften sowie an Beherrschung der inneren molekularen und atomaren Kräfte des Körpers vor. Mit anderen Worten, es verschafft uns jede Menge freien Willen, vorausgesetzt, wir verstehen freien Willen als Selbstbestimmung. Das Individuum wählt seine Handlungsweise nämlich in der Tat mit Hilfe seines Bewußtseins, und zwar oft aus einer großen Zahl alternativer Möglichkeiten.

Das heißt allerdings nicht, daß es Gehirnprozesse gibt, die ohne vorausgegangene Ursache ablaufen. Der Mensch ist nicht frei von den höheren Kräften in seinem eigenen Entscheidungsapparat. Vor allem befreit ihn unser Modell nicht von den kollektiven Auswirkungen seiner eigenen Gedanken und Impulse, seiner Schlußfolgerungen, Gefühle, Überzeugungen, Ideale und Hoffnungen und ebensowenig von seiner Erbausstattung und seinen Lebenserfahrungen. Alle diese Faktoren üben zusammen mit anderen, einschließlich unserer unbewußten Wünsche, einen erheblichen kausalen Einfluß auf jede bewußte Entscheidung aus, und das Endergebnis ist ein unausweichliches, aber dennoch selbstbestimmtes, ganz spezielles und sehr persönliches Produkt. Daraus ergibt sich nun die Frage: Wünschen wir uns wirklich einen freien Willen im indeterministischen Sinn, wenn er gleichbedeutend wäre mit der Befreiung von unserem eigenen Bewußtsein, unserem Selbst und unserem inneren Wesen?

Es mag schlimmere Schicksale geben als den kausalen Determinismus. Vielleicht ist es doch besser, als integraler Bestandteil zum kausalen Fluß kosmischer Kräfte zu gehören, als von diesen völlig abgeschnitten zu sein – gewissermaßen freischwebend, mit Verhaltensmöglichkeiten, die keine Ursache und infolgedessen auch weder einen Grund noch irgendeine Verbindlichkeit in bezug auf künftige Pläne, Voraussagen oder Versprechen haben. Wenn Sie sich vorstellen, Sie sollten versuchen, das perfekte »Freier-Wille-Modell« zu konstruieren, dann bedenken Sie, daß das Ziel möglicherweise gar nicht so sehr darin bestünde, den Mechanismus von jedem Kausalzusammenhang zu befreien. Im Gegenteil sollte es wohl um den Versuch gehen, in das Modell den potentiellen Wert eines universellen oder unbegrenzten Kausalnexus einzufügen, das heißt, einer richtig proportionierten Beziehung zu allen miteinander verknüpften Informationen aus Vergangenheit, Gegenwart und Zukunft.

Das menschliche Gehirn jedenfalls hat während der Evolution einen langen Weg in genau diese Richtung zurückgelegt: Denken Sie nur an die Fülle verschiedener Kausalfaktoren, die dieser multidimensionale Wirbelwind in unserem Schädel in sich hineinzieht, auswertet und dann anwendet, indem er eine seiner »frei gewählten« Entscheidungen auswirft. Potentiell gehören dazu die im Gedächtnis haftenden Erlebnisse und Erfahrungen fast eines ganzen Menschenlebens. Mit einem Bibliotheksbesuch ist auch das angehäufte Wissen der gesamten Geschichtsschreibung potentiell darin enthalten. Und dank unserer Vernunft und Logik können wir noch viel von dem Voraussagewert, der aus all diesen Einzelheiten zu gewinnen ist, sowie neu erlangte schöpferische Einsichten hinzufügen. Vielleicht entspricht die Gesamtsumme nicht ganz einem universellen Kausalnexus; vielleicht reicht sie nicht einmal annähernd an das heran, worum sich die Evolution im siebten Galaxienhimmel bemüht hat; und vielleicht ist trotz allem jede Entscheidung, die dabei herauskommt, immer noch vorherbestimmt. Dennoch bedeutet es sicher einen Riesensprung in Richtung Freiheit, geht man vom urzeitlichen Schleimpilz, dem Seeigel aus dem Pleistozän oder sogar noch dem jüngsten Orang-Utan-Modell aus.

Es dürfte klar geworden sein, daß unsere neue Auffassung keineswegs das tierische Element im Menschen leugnet – ebensowenig wie das molekulare oder das atomare. Was sie allerdings leugnet, ist, daß die höheren menschlichen Eigenschaften im Bewußtsein und im Wesen des Menschen mit den Bestandteilen, aus denen sie gebildet werden, identisch sind oder daß man sie darauf zurückführen kann. Auf der Debetseite hat unser Bewußtseinsmodell kaum etwas zu bieten, was mögliche Hoffnungen entweder auf außersinnliche Wahrnehmungen oder auf Vorstellungen nach dem Tod nähren könnte. Desgleichen wird die vorgeburtliche Wahrnehmung im Embryo vermutlich unbedeutend sein, solange die für das bewußte Gewahrwerden notwendigen Gehirnmechanismen noch nicht ihre funktionelle Reife erlangt haben, was erst in den letzten Monaten der Schwangerschaft und in der anschließenden Entwicklungsperiode geschieht.

Vererbung oder Erfahrung?

Bevor ich diesen Punkt abschließe, lassen Sie mich in Verbindung mit der Embryonalentwicklung noch einen weiteren Bereich erwähnen, in dem die Wissenschaft uns offenbar jahrzehntelang manch beachtliche Fehldiagnose der menschlichen Natur geliefert hat. Dieser letzte Bereich hängt mit dem alten Anlage-Umwelt-Problem zusammen, mit der Frage also, inwieweit Verhaltensmerkmale ererbt oder erworben und damit der Formung durch Erfahrung und Umweltreize unterworfen sind.

Fast die ganze erste Hälfte unseres Jahrhunderts hindurch und bis vor ungefähr zwanzig Jahren herrschte allgemein die Ansicht vor, die Gehirnentwicklung beginne im Embryonalstadium mit einem mehr oder weniger äquipotentialen Netz, einer unbeschriebenen Tafel sozusagen, die dann von den ersten Bewegungen des Embryos an durch funktionales Versuch-Irrtum-Verhalten, Konditionierung, Übung, Lernprozesse und Erfahrung allmählich beschrieben wird. Die objektiv-materialistische Bewegung innerhalb der Psychologie, die in Rußland schon früh durch die Arbeiten und Gedanken Pawlows beeinflußt und in Amerika von Watson unter der Bezeichnung »Behaviorismus« eingeführt wurde, ist fast ebenso häufig mit der Überschätzung der konditionierten Reaktion wie mit der Geringschätzung des Bewußtseins gleichgesetzt worden.

Man meinte, der menschliche Geist entwickle sich schrittweise aus einer lebenslangen Kette aufeinanderfolgender Verknüpfungen von bedingten Reflexen, die beim Säugling mit ein paar Elementarreaktionen wie Liebe und Haß, Furcht und Zorn ihren Anfang nimmt. Die gesamte Vorstellung einer genetischen Vererbung von Verhaltensmustern wurde schließlich gezwungenermaßen aufgegeben. Der Begriff »Instinkt« geriet in Fachkreisen stark in Mißkredit und wurde fast ebenso leidenschaftlich abgelehnt wie der des Bewußtseins. Die Ablehnung des Instinkts wurde damals durch die Ansicht untermauert, das embryonale Wachstum der Leitungsbahnen im Gehirn gehe nichtselektiv und diffus vor sich; die Herausbildung exakter Faserverbindungen erschien für ein einwandfreies Funktionieren ohnehin nicht von Belang. Die fertig ausgebildeten Verknüpfungen im Gehirn sollten dann in der Lage sein, eine radikale, umfassende Neuordnung der Funktionen vorzunehmen, um die Folgen zum Beispiel eines chirurgischen Eingriffs, einer Verletzung oder fehlerhaften Regeneration auszugleichen. Im wissenschaftlichen Denken jener Zeit war das Gehirn mit einer nahezu mystischen, allgewaltigen Plastizität und der Fähigkeit zu immer neuer Anpassung begabt. Im großen und ganzen schien die Naturwissenschaft der zwanziger, dreißiger und frühen vierziger Jahre uns einreden zu wollen, das menschliche Gehirn und die menschliche Natur überhaupt seien von extremer Formbarkeit. Damals galt es als wissenschaftlich schlüssige Deduktion, daß man mit Hilfe eines geeigneten Trainings- und Konditionierungsprogramms die menschliche Natur und folglich die Gesellschaft innerhalb weitgesteckter Grenzen in eine gewünschte Form bringen könnte.

Viele der auf dieser Ansicht basierenden wissenschaftlichen Annahmen und experimentellen Befunde haben seither Schiffbruch erlitten, was zu einem neuen, den früheren Lehrmeinungen in vieler Hinsicht diametral entgegengesetzten Standpunkt führte. Anstelle einer lockeren, universellen Plastizität der Gehirnschaltungen haben wir jetzt einen elementaren, artspezifischen Verdrahtungsplan eingebaut, der gegen funktionelle Neuanpassungen äußerst widerstandsfähig ist. Statt eines diffusen, nichtselektiven Wachstums von Nervenverbindungen während der Gehirnentwicklung haben wir nun Beweise für ein äußerst planmäßiges Wachstum sowie eine regelmäßige Anordnung von Leitungsbahnen und Faserschaltungen im Gehirn, die beide durch genetische Kontrolle und ein vielschichtiges System von zytochemischen Affinitäten mit höchster Präzision geregelt sind. Während früher alles, was mit Instinkt und Vererbung von Verhalten zu tun hat, rundheraus verurteilt wurde, akzeptieren wir heute den Gedanken, daß man auf der Grundlage ererbter Verhaltensmuster ebenso wie auf der Grundlage morphologischer oder serologischer Merkmale einen ganzen Evolutionsstammbaum ausarbeiten kann. Natürlich werden konditionierte Reaktion und andere Arten des Lernens besonders beim Menschen auch weiterhin als sehr mächtige, formende Einflüsse anerkannt, jedoch innerhalb eines ererbten Bedingungsgefüges, das viel stärker und viel restriktiver ist, als man ursprünglich angenommen hatte.

Innerhalb der hier angesprochenen, spezialisierten Bereiche wissenschaftlicher Forschung schlägt das Meinungspendel derzeit immer noch in Richtung Vererbung aus. Wie weit das gehen wird, kann man nur raten. Es ist immer noch zu früh, als daß die Folgen dieser Verän-

derungen zumindest die unmittelbar angrenzenden Wissenschaftsge-
biete hätten völlig durchdringen können. Jedenfalls scheinen uns die
heute vorliegenden Befunde – um zu unserem Hauptthema zurückzukommen – wohl zu zeigen, daß wir zusammen mit anderen Aspekten
der behavioristisch-materialistischen Deutung des Menschen die alte
Pawlow-Watsonsche Reiz-Reaktions-Theorie der Psyche mit ihrer ra-
dikalen Milieutheorie verwerfen müssen, die uns lehrte, 99 Prozent
des menschlichen Intellekts seien ein Produkt aus Erfahrung und Training.

Ausblick auf die Zukunft

Unsere Nachprüfung der materialistischen Sicht des Menschen und
ihrer Implikationen ließe sich noch viel weiter in verschiedene politische, moralische und religiöse Teilbereiche hinein ausdehnen, die von
Gebieten, in denen Hirnforscher sich einigermaßen sicher fühlen, weit
entfernt liegen. Die Hackordnung kausaler Entitäten, die wir oben für
das Gehirn umrissen haben, endet nicht in der Einzelperson, sondern
steigt weiter hinauf bis zu höheren Kontrollstufen, die Gesellschaft
und Kultur einschließen; hier gibt es verschiedene Untereinheiten, denen wir korrekterweise viele der bemerkenswertesten Leistungen des
Menschen anrechnen müssen.

Der Hinweis auf die Gesellschaft erinnert uns in bedrückender
Weise daran, daß jeder Versuch, die menschliche Natur durch eine
idealistischere Auffassung von Geist und Gehirn aufzuwerten, heute
unweigerlich mit einem überwältigenden Gegenschlag rechnen muß:
Die nüchternen Gesetze der Mathematik haben im Verein mit der
Überbevölkerung verheerende, entwürdigende Konsequenzen für
den Wert des Individuums. Wir brauchen kein drittes Gesetz der
Psychodynamik, um uns darüber klarzuwerden, daß die maximale
Belastbarkeit unserer Erde unter dem Gesichtspunkt von Qualität,
Würde, Sinn- und Werthaftigkeit für den einzelnen Menschen vielleicht schon überschritten ist. Wenn wir uns die wachsende Gefahr vor
Augen halten, die von den Auswirkungen der Überbevölkerung und
deren Nebenprodukten auf die mühevoll erkämpften Errungenschaften einer jahrtausendelangen Evolution ausgeht, sind wir geneigt, unser kleines ideologisches Geplänkel mit dem Materialismus ebenso zu

vergessen wie die meisten anderen menschlichen Verbesserungsversuche unserer Zeit; letztlich ist es ja nur ein weiterer hoffnungsloser Kampf angesichts einer wachsenden Menschheit – verlorene Liebesmüh', solange nicht eine bestimmte Kraft innerhalb der mentalen Hierarchie des Menschengeschlechts zur Entfaltung gebracht werden kann, die erhabener ist als unsere natürlichen Triebe.

Wenn es dann um den Versuch geht, die Zukunftsaussichten der Menschheit zu beschreiben und Voraussagen zu treffen, ist die Verhaltenswissenschaft durch eine technische Schwierigkeit gehandikapt: Ist die Aussage veröffentlicht und der Mensch langsam mit dem vertraut, was er ihr zufolge tun wird, kann er sie in sein Handeln einbeziehen und dürfte auch pervers genug sein, das genaue Gegenteil davon zu tun. Mit diesem Sachverhalt im Hinterkopf können wir vorhersagen, daß unsere und zukünftige Generationen sich wegen der Bevölkerungsstatistik, um die Frage, wer wen »überzeugen« wird, oder um eines der anderen Probleme, die wir uns aufgeladen haben, eigentlich gar keine Gedanken mehr zu machen brauchen: Diese und damit verbundene Belange versprechen sich in dem drohenden, letzten, fatalen Aufflackern des nuklearen Feuerwerks bald von selbst zu erledigen.

Um aber zu unserer Hauptsorge, der Wirkung des schleichenden Materialismus in den Neuro- und Verhaltenswissenschaften – wie auch anderswo – zurückzukommen, können wir zusammenfassend sagen, daß heute ein objektives Erklärungsmodell der Gehirnfunktion vorliegt, das jahrhundertealte humanistische Werte, Ideale und einen Sinn im menschlichen Streben weder leugnet noch herabwürdigt, sondern eher bestätigt. Die edlen, freien oder erhabenen Qualitäten – beziehungsweise ihr Gegenteil, denn so entstehen ja Bedeutungen –, die der Geisteswissenschaftler früher im Menschen und seinem Handeln entdecken zu können glaubte, sind in unserem naturwissenschaftlichen Modell vorhanden und gewahrt, ganz wie es auch Geschichte und allgemeine Erfahrung immer gezeigt haben. Für alle, die auf eine Botschaft »zum Mitnehmen« warten, haben wir hier eine ganz einfache, die für Natur- und Geisteswissenschaftler gleichermaßen gilt: Unterschätze nie die Macht eines Ideals!

Der letzte Bezugsrahmen

Wertkonflikte

Bei der Beschäftigung mit der scheinbar endlosen Komplexität menschlicher Werte gerät man, zumindest meiner eigenen Erfahrung nach, nicht so leicht in Sackgassen oder unproduktiven Leerlauf, wenn man seine Aufmerksamkeit auf einen aktuellen Meinungsstreit oder auf Probleme in traditionellen Wertkonflikten richten kann.

Wenn wir uns irgendeine Wertdiskussion vornehmen – zum Beispiel die, die zur Zeit zwischen Abteibungsbefürwortern und den sogenannten Verfechtern des Rechts auf Leben geführt wird –, schält sich für mich ein wichtiges Grundprinzip heraus, nämlich daß Werte im allgemeinen nicht von Natur aus absolut, sondern immer in einem Kontext oder Bezugsrahmen zu sehen sind, in dem oft stillschweigend akzeptierte Ziele oder Absichten mitschwingen. Sowohl die Befürworter als auch die Gegner der Abtreibung bringen (wie die Gegenspieler in jedem Wettstreit) Argumente vor, die man in der Regel als schlüssig und logisch sinnvoll betrachten wird, vorausgesetzt, man ist bereit, den im Einzelfall zugrunde gelegten besonderen Bezugsrahmen zu akzeptieren, das heißt, die Ausgangsaxiome und -prämissen nebst den damit verbundenen Sachverhalten und Implikationen, auf denen die Schlußfolgerung beruht und die möglicherweise explizit, meistens jedoch weitgehend implizit sind.

Die Axiologie (Wertlehre, A. d. Ü.) zeigt, daß bei Veränderungen innerhalb des allgemeinen Bezugsrahmens Werte und Wertpräferenzen sich ebenfalls ändern und sich vielleicht sogar ins völlige Gegenteil verkehren. Um ein Beispiel zu nennen, das immer häufiger gebraucht wird: Was nach heute geltenden Normen vielleicht als die richtige und humanste Lösung eines bestimmten Problems erscheinen mag, kann sich offensichtlich als falsch und höchst unmenschlich erweisen, wenn es an den Auswirkungen auf zukünftige Generationen gemessen wird, beziehungsweise in einem langfristigen oder »zukunftsorientierten« Rahmen gesehen wird. Diese erste Aussage, nämlich daß für die Festlegung von Werten und Werturteilen der jeweilige Bezugsrahmen von entscheidender Bedeutung ist, wird der Leser hoffentlich als eine allgemeine Ausgangsposition für das, was folgt, akzeptieren.

Wenn wir also anerkennen, daß gesellschaftliche Werte und insbesondere solche, die wir selbst ablehnen, durch einen allgemeinen Bezugsrahmen bedingt und von ihm abhängig sind, können wir uns folgender Frage zuwenden: Wie kommt es, daß ein Bezugssystem einem anderen überlegen ist oder es aufhebt? Mit möglichen Kriterien im Hinterkopf möchte ich gleich zur Frage unseres Titels übergehen: Gibt es einen letztgültigen Bezugsrahmen für Wertsetzungen, den alle Länder, Kulturen, Regierungen und Konfessionen, ja die Menschheit insgesamt aus Gründen der Logik wie aus pragmatischen Erwägungen als letzte Norm annehmen und respektieren könnte, wenn es gilt, ethische Prioritäten zu beurteilen, Wertkonflikte zu lösen oder eine Richtlinie für menschliches Urteilen im allgemeinen und für internationale Entscheidungsprozesse im besonderen zu finden? Die praktische Notwendigkeit, einige einheitstiftende, allgemeingültige Normen zu entwickeln, wird immer dringlicher bei Dingen wie der Kontrolle des gesamten Bevölkerungswachstums auf der Erde, der Erhaltung ihrer natürlichen Ressourcen, dem Schutz der Weltmeere und verschiedenen anderen globalen Problemen unserer Zeit, die immer lauter nach vereinten Anstrengungen in weltweitem Maßstab rufen.

Eine allgemein akzeptierte Wertordnung für eine Weltregierung?

Ich werde jetzt ein bißchen vorgreifen und verraten, daß ich zusammen mit ein paar anderen an anderer Stelle behauptet habe und daran auch weiterhin festhalte, daß genau dieses einheitstiftende, letztgültige Bezugssystem für gesamtgesellschaftliche Werte heute vorstellbar ist – und zwar auf die Erkenntnisse der Wissenschaft gegründet: Sein Fundament wäre also ein Bezugsrahmen, der auf empirischen Befunden und wissenschaftlichen Verfahren als dem besten, unserem Gehirn zugänglichen Weg zur Wahrheit basiert und sich außerdem auf das Weltbild der Wissenschaft stützt, jenes Welt- und Realitätsverständnis also, das von der gesamten kollektiven Erkenntnis aller Wissenschaftsbereiche einschließlich der Einsichten und Perspektiven, die diese Erkenntnis mit sich bringt, getragen wird. Das hier angesprochene wissenschaftliche Weltverständnis ist wohlgemerkt nicht identisch mit dem, was durch die vielen Jahrzehnte der materialistisch-behavioristischen Ära hindurch üblicherweise als das Weltbild der Wissenschaft verkauft wurde. Es ist vielmehr das heute geltende Verständnis, in dem die Fehlschlüsse des Materialismus, Reduktionismus und mechanischen Determinismus nach den oben erläuterten Grundsätzen korrigiert wurden. Wenn ich in Zukunft im Zusammenhang mit Wertpräferenzen für die Wissenschaft oder wissenschaftliche Wahrheiten eintrete, dann beziehe ich mich nicht auf die alte materialistische Auffassung, sondern immer auf das neue holistisch-mentalistische Paradigma, das ein völlig »neues Gesicht« hat und etwas darstellt, was nicht mehr im Widerspruch zu ethischem, religiösem oder anderem humanistischen Empfinden steht. Denken Sie auch daran, daß Inhalt und Belange der Politik-, Sozial- und anderen Verhaltenswissenschaften im Prinzip genauso dazugehören wie die eher als Grundlagenwissenschaften geltenden Disziplinen. Schließlich möchte ich hier auch jede empirische Erkenntnis einbeziehen, die an Zuverlässigkeit den Ergebnissen der wissenschaftlichen Methode gleichkommt, wie zum Beispiel verifizierte historische Fakten.

Eine Reihe unterschiedlicher, aber zusammenlaufender Argumentationsfäden, von denen ich im ersten Kapitel einen skizziert habe, können zur Unterstützung dieser Behauptung herangezogen werden. Sie alle münden logischerweise in dieselbe allgemeine Schlußfolgerung, die sie gleichzeitig erhärten: Es ist durchaus denkbar, und wir können mit Recht hoffen, daß es uns gelingen wird, ein tragfähiges Wert- oder Normsystem zu errichten, das fest auf die Art von Wahrheiten und Überzeugungen gegründet ist, die für die Wissenschaft annehmbar und für die ganze Menschheit glaubwürdig sind – ohne auf abweichende dualistische Konstrukte zurückgreifen zu müssen, die nur von manchen Leuten akzeptiert, von anderen jedoch als untragbar abgelehnt werden. Der Ansatz, den ich selbst gewählt habe, ist eine Art Abkürzung und sieht folgendermaßen aus: Die letzte, allerhöchste Autorität, Schiedsinstanz, Bezugs- oder Bestimmungsgröße für das, was ethisch und moralisch gut, richtig und wahr ist, die durch die ganze Geschichte hindurch am häufigsten in Anspruch genommen und am meisten anerkannt wurde, war die sich unterschiedlich manifestierende Vorstellung vom Schöpfer des Menschen und den kosmischen Kräften, die das Weltall bewegen und beherrschen. Von Heiden, Christen, Juden, Buddhisten, Moslems, Hindus, amerikanischen Indianern und so weiter jeweils anders veranschaulicht und definiert, zieht sich dieses weitgefaßte Grundkonzept von einem höchsten Richter und Bezugspunkt wie ein gemeinsamer roter Faden durch die meisten großen Systeme menschlicher Glaubensüberzeugungen. Natürlich gibt es auch Ausnahmen wie den Humanismus, Hedonismus und Kommunismus, die ihren Bezugsrahmen auf niedrigerer Ebene ansetzten und lieber im Menschen als in irgendeiner »höheren Autorität« verankern.

Obwohl man sich im Laufe der Geschichte über das allgemeine Konzept weitgehend einig war, erhitzen sich die Gemüter, wie wir wissen, an den spezifischen Unterschieden in der begrifflichen Darstellungsform, die man für die Mächte der Schöpfung und das kosmische Kausalprinzip jeweils gefunden hat, sowie an den daraus entstandenen Dogmen, Lehrmeinungen und Traditionen. Ob dieser Unterschiede sind Schlachten geschlagen worden, und Historiker erinnern uns daran, daß Religionskriege die blutigsten von allen sind. Das erklärt sich in erster Linie daraus, daß im Zusammenhang mit diesen höchsten Determinanten an der Spitze unserer Werthierarchien das Gefühl für höhere Sinnhaftigkeit und der Wert des Lebens selbst (und damit auch der meisten anderen Dinge, die für uns zählen) unmittelbar auf dem Spiel stehen.

Das uns allen nur zu vertraute Ergebnis ist jedenfalls, daß die Menschheit mit einer Reihe verschiedener letzter Normen oder Wertmaßstäbe für das ethisch Gute oder Böse leben mußte, wobei die Vertreter jedes Systems voller Eifer behaupteten, ihres sei *die Wahrheit*, die die Jünger in unerschütterlichem Glauben – oft sogar als absolute und über jeden Zweifel erhabene – akzeptieren müßten. Die unterschiedlichen Wertsetzungen, die sich aus den vielfältigen Glaubenssystemen ergeben, haben, wie ich bereits betonte, tiefgreifende und nachhaltige Auswirkungen auf soziale und politische Entscheidungsprozesse, die zusammen wahrscheinlich einen der gewaltigsten, wenn nicht *den* gewaltigsten aller entzweienden Einflüsse ausmachen, mit denen wir heute konfrontiert sind und die einer weltweiten Einheit und Harmonie entgegenwirken.

Es besteht kaum Hoffnung, daß diese Situation sich in absehbarer Zukunft dadurch verbessern wird, daß die eine oder andere der gegenwärtig bestehenden Religionen auf Kosten der übrigen allmählich die Vorherrschaft erringt oder daß eine völlig neue Religion entsteht und sich ausbreitet, die auf den Lehren, Visionen und Offenbarungen eines einzelnen, erleuchteten Führers basiert. Für einen solchen Einigungsprozeß dürfte die Welt mittlerweile zu anspruchsvoll, zu vielgestaltig und zu komplex geworden sein. Ebensowenig scheint das kommunistische System mit seiner materialistischen Philosophie und seinen relativ engen, auf dem Klassenkampf in der Industriegesellschaft beruhenden Perspektiven die Art von Antwort zu liefern, die wir hier brauchen. Die heutigen weltumspannenden Probleme erfordern höhere Perspektiven und einen transzendierenden Bezugsrahmen, der das langfristige Wohlergehen des gesamten Ökosystems einschließt.

Eine verheißungsvollere Alternative könnte in der Suche nach einem neuen Bezugsrahmen für eine umfassende Ethik liegen, in dem die weiter oben genannten Grundsätze, nach denen Kriterien für höchste Werte mit der wissenschaftlichen Realität übereinstimmen müssen, gelten sollen. Das hieße für die kommunistischen Länder, daß sie ihre Interpretation von Wissenschaft und dem, was sie vertritt, in einigen Punkten auf den neuesten Stand bringen und zugleich in ihrer Philosophie eine Wende vom Materialismus zum neuen Mentalismus vollziehen müßten. Für die meisten anderen Länder würde es hauptsächlich bedeuten, verschiedene am Jenseits orientierte Leitwerte durch irdische Werthaltungen zu ersetzen oder sie miteinander in Einklang zu bringen. Diese Veränderungen müssen sich nicht auf die gesamte Bevölkerung auswirken, sondern nur auf die Führungsspitzen, die an weltpolitisch relevanten Entscheidungen beteiligt sind. Wissenschaftliche Gültigkeitskriterien haben wir nicht deshalb gewählt, weil wir meinen, wissenschaftliche Wahrheit sei absolut und unfehlbar, sondern weil wir davon überzeugt sind, daß sie die beste, zuverlässigste, glaubwürdigste und verbindlichste Annäherung an die Wahrheit ist, die wir haben.

Auf der Suche nach Sinn

Daß der Versuch wünschenswert ist, in diesen Fragen ungeteilte Zustimmung zu einem expliziten Bezugsrahmen zu erreichen, leuchtet uns aus theoretischer Sicht ebenso ein wie aus praktischen Erwägungen. Neben anderen inneren Ursprüngen menschlicher Werte erkennen wir eine inhärente Neigung des menschlichen Geistes, Sinn – und dazu gehört auch höhere Sinnhaftigkeit – in sich selbst finden zu wollen. Diese Neigung ist mit angeborenem Denkvermögen gepaart, und die Kombination der beiden führt zu einer übergeordneten rational-kognitiven Struktur in den Wertsystemen des Menschen. Und gerade in diesem kognitiven, rationalen, spezifisch menschlichen Bereich treten die größten ideologischen, politischen und religiösen Differenzen auf. Sollen die sozialen Prioritäten in diesem Bereich geordnet werden, dann kommt es entscheidend darauf an, was für ein letzter, rationaler Bezugsrahmen dabei zugrunde gelegt wird.

Die Veränderungen, die nötig wären, um die verschiedenen zeitgenössischen Konfessionen mit einem Bezugssystem in Einklang zu bringen, das auf dem Realitätsverständnis der Wissenschaft basiert, sollten in erster Linie korrigierender und nicht ausschließender Natur sein. Sie könnten vielleicht zu einem Großteil schon dadurch herbeigeführt werden, daß man jeweils einzelne Aspekte der Lehre, die trotz Fortschritten in der Wissenschaft über Jahrhunderte hinweg unverändert geblieben sind, auf den neuesten Stand bringt und neu interpretiert. Aus der Sicht der modernen Wissenschaft wird der Schöpfer – um es auf eine einfache Formel zu bringen – zu dem riesigen ineinandergreifenden und vernetzten Gewebe der sich entfaltenden Natur, einer ungeheuer komplexen Vorstellung, die all die unwandelbaren und emergenten Kräfte kosmischer Verursachung einschließt, deren Kontrollfunktion vom Elementarteilchen der Hochenergiephysik bis hinauf zu den Galaxien alles umfaßt – nicht zu vergessen die kausalen Eigenschaften, die Gehirn und Verhalten auf individueller wie auf gesellschaftlicher Ebene steuern. In all diesen Dingen ist die Wissenschaft nach und nach zu unserer anerkannten Autorität geworden, bietet sie uns doch einen kosmischen Entwurf und eine Betrachtungsweise des Lebens, die die meisten anderen im Vergleich dazu als grobe Simplifizierungen erscheinen lassen.

In Übereinstimmung mit dem vorher Gesagten würde die Annahme wissenschaftlicher, innerweltlicher Beschränkungen für die Ethik dazu führen, daß das, was gut, richtig oder moralisch wertvoll ist, in sehr groben Zügen als das definiert würde, was mit der planmäßigen Gestaltung der sich entfaltenden Natur *einschließlich ihres Gipfelpunkts im Menschen* in Einklang steht, sie unterstützt oder bereichert. Das »höchste Gut« muß dann etwas sein, was sich in den großen Entwurf des schöpferischen Prozesses fügt und seinen Beitrag dazu leistet, das heißt die weitere globale Steigerung von Vielfalt, Sinnhaftigkeit und Qualität des Daseins vorantreibt. Umgekehrt gilt das, was der Gesamtkomposition der Schöpfung (durch die Qualität, Schönheit und Sinn des Daseins jahrtausendelang erhalten und gesteigert wurden) zuwiderläuft, ihr schadet oder sie zerstört, als falsch und böse. Der Bezugspunkt liegt also nicht in den zahllosen Subsystemen innerhalb anderer Subsysteme der natürlichen Ordnung, sondern im allumfassenden »wohlgeordneten großen Entwurf« in langfristiger Perspektive, wobei unser Schwerpunkt auf der Evolution in unserer eigenen Biosphäre und ihrem überragenden Höhepunkt im Bewußtsein des Menschen liegt. Es ist eine Gesamtkomposition aus immer höheren Schichten in der Daseinsqualität, immer höheren Dimensionen des bewußten Erlebens und, im Bereich der menschlichen Existenz, immer höheren Graden ästhetischer und geistiger Bewußtheit.

Gut und Böse aus weltlicher Sicht

Zwar mag es an diesem Punkt voreilig und vielleicht allzu optimistisch sein, aber es tut ja niemandem weh, wenn wir versuchen, zumindest in groben Zügen vorauszusagen, welche Arten von Wertveränderungen sich logischerweise unter den oben genannten Bedingungen ergeben könnten. Wird die wichtige Rolle anerkannt, die die biologische Evolution bei der Schaffung des Menschen gespielt hat, folgt daraus unmittelbar eine größere Achtung und Ehrfurcht vor der ganzen Natur und dem, was man zuweilen als »die unendliche Weisheit der Natur« bezeichnet. Qualität, Gleichgewicht und stufenweise Differenzierung des Ökosystems als Ganzem werden verstärkt berücksichtigt. Dinge wie die Recycling-Anschauung, der Artenschutz, die Erhaltung der natürlichen Ressourcen und die Eindämmung des explosiven Bevölkerungswachstums bekommen mehr Gewicht durch eine höhere Form der Hingabe und des Engagements, die über bloße menschliche Berechnung hinausgeht.

Das Menschengeschlecht als Teil der sich entfaltenden Natur und als Höhepunkt und wichtigste »Vegetationsspitze« des Evolutionsstammbaums bleibt auch weiterhin im Mittelpunkt des Interesses, es muß sich jedoch gefallen lassen, daß es einiges von der Einzigartigkeit und dem Status als »Maß aller Dinge« verliert, die ihm in manchen früheren Systemen zugebilligt wurden. Besonders in Konfliktfällen, in denen die menschlichen Vorstellungen vom jeweils Besten ganz offensichtlich den bewährten Prinzipien und dem erprobten Plan der Schöpfung insgesamt zuwiderlaufen, sind die letztgenannten vorrangig. Ein Gefühl für höheren Sinn kann man sich durch die sinnhafte Beziehung zu einer Sache bewahren, die man für wichtiger hält als die menschliche Rasse an sich.

Es ist zu erwarten, daß man im Anfangsstadium auf viele scheinbare Schwierigkeiten, Widersprüche und Meinungsverschiedenheiten stößt. Im weiteren Sinne bedeutete es für viele von uns die Preisgabe verschiedener am Jenseits orientierter oder dualistischer Leitwerte zugunsten der Prinzipien und der konkretisierten Weisheit, die die Ordnung der Natur prägen und während der Evolution jahrhundertelang erfolgreich funktioniert sowie die Erschaffung des Menschen zuwege gebracht haben. Mit Schwierigkeiten und Widersprüchen müssen wir in jedem Fall rechnen, egal welches der bis heute geltenden ethischen Normsysteme wir anwenden. Die jüdisch-christliche Ethik zum Beispiel ist voller moralischer Widersprüche. Das Ziel besteht aber gar nicht darin, alle Streitpunkte und Meinungsunterschiede zu beseitigen, sondern nur, sie in einen fest umrissenen Bereich zu bringen, der durch einen gemeinsam vereinbarten Bezugsrahmen gegeben ist, auf den man sich einigt, weil man ihn für den schlüssigsten hält. Aus der Sicht des Individuums ist die Feststellung wichtig, daß eine solche Hinwendung zu einem auf innerweltlichen Kriterien beruhenden Bezugsrahmen den größten Teil persönlicher, alltagsrelevanter Werte auf allen niedrigeren Ebenen der Wertehierarchie weder beseitigen noch wesentlich verändern würde. Die biologisch begründete Familie und viele soziale Wirkungs- und Beziehungsgefüge behalten auch weiterhin denselben Sinn und Wert.

Betrachtet man schließlich die ungeheure Vielschichtigkeit der Schöpfungskräfte und des kosmischen Kausalprinzips sowie die daraus folgende Schwierigkeit, eine adäquate, eindeutige Konzeption zu entwerfen, und nicht zuletzt auch die natürliche, angeborene Neigung des menschlichen Gehirns, verborgene Ursachen zu personifizieren und Sicherheit in persönlicher Führerschaft zu suchen, kann es bisweilen vernünftig und für das Denken und die Kommunikation vorteilhafter sein, wenn die Vorstellung von der allerhöchsten Instanz Personengestalt annimmt. Das gilt natürlich nur unter dem Vorbehalt, daß wir jede derartige Personifizierung immer als das verstehen, was sie ist, und sie nie so wörtlich nehmen, daß sie zu falschen Schlüssen über Wesen und Eigenschaften dessen führt, was da personifiziert wurde, und damit wieder zu Wertpräferenzen, die nicht mit der Wirklichkeit übereinstimmen.

Botschaften aus dem Labor

Wir möchten genauer wissen, woher unsere Werte wirklich kommen. Nun, Sie können ja fragen, woher die Werte kommen, und Sie können fragen, welches unsere Werte sein sollten, und, wenn Sie eine Antwort auf die Frage haben, welches unsere Werte sein sollten, wie wir sie dazu bringen, unsere Werte zu sein. Dies sind keine Fragen für die Wissenschaft, aber es sind Fragen, deren Beantwortung mehr als irgend etwas anderes den weiteren Verlauf der Geschichte bestimmen wird. Ich glaube, den weiteren Verlauf der Geschichte werden nicht weitere wissenschaftliche Entdeckungen, sondern eben diese Fragen über menschliche Werte bestimmen.

Max Delbrück 1980
Engineering and Science interview

In der letzten Zeit konfrontieren Bundesbehörden und andere Stellen uns Wissenschaftler immer häufiger mit der Frage, was denn eigentlich an unseren Forschungen für die Befriedigung heute bestehender gesellschaftlicher Bedürfnisse »relevant« sein könnte. Während solche Fragen nach der Relevanz im Bereich der Grundlagenforschung oft Verunsicherung hervorrufen, halte ich es durchaus für möglich, aus unserer eigenen wissenschaftlichen Arbeit mindestens drei Aspekte herauszupicken, bei denen sich die Art von Botschaft, die wir aus dem Labor erhalten haben, anscheinend ganz erheblich von der abgedroschenen Geschichte unterscheidet, wie sie in den Medien oder in der breiten Öffentlichkeit umgeht. Die ersten beiden Aspekte beziehen sich auf Grundphänomene, die nur indirekt mit Fragen der moralischen Priorität zusammenhängen, nämlich aufgrund ihrer Implikationen hinsichtlich der inneren Natur des Menschen und der in ihm angelegten Entwicklung der Wertstruktur.

Unsere angeborene Individualität

Die erste dieser Botschaften aus dem Labor hat mit der funktionellen Plastizität der Gehirnorganisation und somit auch des Verhaltens und der menschlichen Natur überhaupt zu tun. Als ich damals anfing, auf diesem Gebiet zu arbeiten, war man in der Neurobiologie noch felsenfest davon überzeugt, daß die Gehirnfunktion eine nahezu unbegrenzte Plastizität besitze. Unter anderem hielt man die funktionelle Austauschbarkeit von Nerven bei neurochirurgischen Eingriffen für selbstverständlich. In den dreißiger Jahren sah man für das Gehirn nicht das geringste Problem, wenn seine Verdrahtungen vom Neurochirurgen über Kreuz verbunden wurden.

Wurde zum Beispiel ein beschädigter Nerv wie jener, der zu den Gesichtsmuskeln führt, auf chirurgischem Weg durch einen nahegelegenen gesunden und eher entbehrlichen Nerv – wie etwa den zum Heben der Schultern – ersetzt, bestand die anfängliche Wirkung im Auftreten entsprechender Gesichtsbewegungen, sobald der Patient die Schultern zu heben versuchte. Die damals gültige Lehrmeinung befand jedoch, daß der Patient nur nach Hause gehen und vor dem Spiegel üben müßte und die plastischen Hirnzentren schon bald eine Umerziehung durchmachen würden, um das normale Mienenspiel wieder zu gewährleisten, das nun über die eigentlich für die Schulterbewegungen vorgesehenen Hirnzentren und Nerven vermittelt würde.

Man unternahm Versuche, durch Rückenmarksverletzungen gelähmte Beine wieder funktionstüchtig zu machen, indem man einen der Hauptnerven des Arms einsetzte und dabei seine ursprünglichen Verbindungen zu den Hirnzentren unberührt ließ. Der Armnerv wurde in voller Länge herausgetrennt, an seinen distalen Verzweigungen durchtrennt und dann unter der Haut so verlegt, daß er mit den Beinnerven verbunden werden konnte, um die Funktion des gelähmten Körperteils zu übernehmen. In der Literatur erschien nur ein erster Bericht, jedoch nichts über den endgültigen Erfolg dieser Bemühungen – vielleicht aus Gründen, die uns heute verständlich sind. Später stellte man allerdings genau dieselbe Operation als einen funktionellen Erfolg bei Experimenten dar, die in den dreißiger Jahren mit Ratten durchgeführt wurden. Es hieß, die motorischen und sensorischen Funktionen, ja sogar die Rückenmarksreflexe der gelähmten Hinterbeine des Tieres seien durch die transplantierten Nerven der Vorderbeine wiederhergestellt worden, die nach wie vor von denselben Hirnzentren aktiviert wurden – ein Ergebnis, das man heute für unmöglich hält, das aber die in den dreißiger Jahren verbreitete neurologische Theorie veranschaulicht – und die Wirkung des Wunschdenkens!

Gehirn und Nervensystem schienen damals allgemein von einer universellen Verhaltensplastizität oder, wie eine Kapazität auf diesem Gebiet es formulierte, von »einer kolossalen, fast grenzenlosen Anpassungsfähigkeit« besessen zu sein. Die Anhänger Pawlows in Rußland und John Watsons in Amerika stellten (scheinbar zu Recht) Vermutungen darüber an, daß es mit geeigneten, früh genug angewandten Trainings- und Konditionierungsmethoden möglich sein müßte, die menschliche Natur in fast jede gewünschte Form zu bringen und auf diese Weise eine idealere Gesellschaft zu produzieren.

Diese Überlegungen wurden durch verschiedene andere, sich gegenseitig stützende Ansichten der dreißiger Jahre bekräftigt. Insbesondere sei hier die damals geltende Doktrin über die Entstehung des Nervensystems erwähnt, die besagte, daß das Wachstum der Fasern und die Bildung von Nervenverbindungen im sich entwickelnden Embryonengehirn mehr oder minder diffus und nichtselektiv vor sich gehe. Die komplizierte Anordnung der Leitungsbahnen und Schaltkreise im Gehirn wurde einem festgelegten Zeitplan, mechanischen Faktoren und vor allem späteren Feedback-Wirkungen menschlicher Aktivität zugeschrieben. Damals konnte man sich nicht vorstellen, wie die komplexen Nervenschaltungen für das Verhalten direkt entstehen sollten – das heißt präfunktionell durch Vererbung und nicht durch erfahrungsbedingte Formung. Man vermutete, die selektive Kanalisierung der Nervenverbindungen hänge von der Funktion ab und beginne schon mit den ersten Bewegungen des Embryos im Mutterleib – um sich dann durch Versuch und Irrtum, Konditionierung, Lernprozesse und Erfahrung fortzusetzen.

Die Ergebnisse unserer Experimente aus den vierziger Jahren führten natürlich zu gegensätzlichen Auffassungen, die auf diesem Gebiet eine Kehrtwendung um 180 Grad bewirkten. Wie wir heute wissen, sind transplantierte Nerven ganz und gar nicht funktionell austauschbar, ist das Gehirn keineswegs so plastisch und das Wachstum der neuralen Leitungsbahnen und Nervenverbindungen im Gehirn alles andere als diffus und nichtselektiv. Es hat sich gezeigt, daß die ungeheuer komplizierte Anordnung der Schaltverbindungen für das Verhalten hauptsächlich durch präfunktionelle Wachstumsprozesse nach genetischen Instruktionen zustande kommt und mit großer Präzision ausgeführt wird, wobei ein überaus komplexes System vorprogrammierter chemischer Affinitäten von einer Zelle zur anderen wirksam wird.

Wenn ich Sie und mich in diese frühe Geschichte zurückversetze, tue ich das nicht, um einfach alte Zeiten wieder heraufzubeschwören. Es geht mir vielmehr um die Tatsache, daß die frühen, irrigen Ansichten, die sich durch die ganzen zwanziger und dreißiger bis weit in die vierziger Jahre hinein so tief eingegraben hatten, in Bereichen außerhalb der biomedizinischen Wissenschaften bis zum heutigen Tag nicht völlig aufgegeben worden sind. Die früheren Lehrmeinungen über die Gehirnplastizität wirken wohl auf Gebieten wie der Psychiatrie, Anthropologie und Soziologie und letztlich auch in der ganzen Gesellschaft immer noch nach. Mit anderen Worten, die meisten von uns haben nach wie vor die Tendenz, den Stellenwert, der genetischen und anderen angeborenen Faktoren in der Formung von Gehirnstrukturen und Verhalten zukommt, zu unterschätzen.*

Dieser Schluß folgt nicht nur aus der oben erwähnten Art wissenschaftlicher Arbeit. Er ist auch aus vielen anderen Blickwinkeln immer wieder bestätigt worden. In bezug auf die Hirndominanz und Händigkeit beim Menschen geht die neueste Theorie von einem Modell mit zwei Genen und vier Allelen aus, bei dem ein Gen bestimmt, welche Seite des sich entwickelnden Gehirns die sprachdominante sein wird, und ein zweites, ob die bevorzugte Hand auch auf der Seite der Sprachhemisphäre liegen wird. Zählt man die rezessiven und die dominanten Merkmale, kommt man auf neun verschiedene Kombinationen ererbter Genarten oder Genotypen für Händigkeit und Hemisphärenspezialisierung beim Menschen; dabei setzten einige der stärker linkshändig veranlagten Typen einer Umkehrung durch Training natürlich weitaus mehr Widerstand entgegen als andere.

Man hat herausgefunden, daß die linke und die rechte Hirnhälfte beide ihre ganz spezielle Form von Intellekt besitzen. Die Linke ist

* Einen neuen, überzeugenden Nachweis für die einflußreiche Rolle der Vererbung haben vor kurzem noch nicht abgeschlossene Untersuchungen über getrennt aufwachsende eineiige Zwillinge erbracht. Vorberichte dazu stehen in *Science* (1980). 207:1323; *Smithsonian (1980)*, 11:48 und *Science 80*, 1(10):55.

verbal und mathematisch äußerst begabt und arbeitet mit einer analytisch-symbolischen, computerähnlichen, sequentiellen Logik. Die Rechte dagegen ist raumorientiert, stumm und arbeitet mit einer synthetischen, auf Raumwahrnehmung ausgerichteten, mechanischen Art von Informationsverarbeitung, die man noch nicht auf Computern simulieren kann. Bei Patienten mit chirurgisch getrennten Hirnhälften ist es sehr eindrucksvoll und überwältigend zu beobachten, wie dieselbe Person (manche behaupten, es seien zwei Personen in einer) dasselbe Problem angeht, durcharbeitet und auf ausnahmslos verschiedenen Wegen mit völlig verschiedenen Strategien zu einer Lösung kommt, je nachdem, welche Hirnhälfte der Patient benutzt.

Daraus folgt, daß die oben erwähnten neun Genotypkombinationen, die jeweils verschiedene Gewichtungen und Belastungen der rechts- beziehungsweise linksseitigen geistigen Faktoren darstellen, schon an sich ein ganz beachtliches Spektrum für ererbte Individualität in der Struktur des menschlichen Intellekts bieten. So hat man nachgewiesen, daß Linkshänder als Gruppe sich in ihrer geistigen Ausstattung – das heißt ihrem IQ und anderen Test-Profilen – von Rechtshändern statistisch unterscheiden. In ähnlicher Weise ergeben sich bei Männern andere Ergebnisse als bei Frauen, und bei Frauen, die im Uterus maskulinisiert wurden oder denen ein x-Chromosom fehlt, andere als bei normalen Frauen.

Viele verschiedenartige Tests haben gezeigt, daß die rechte Hemisphäre in der Raumwahrnehmung besonders talentiert und der linken überlegen ist. Diese Besonderheit der sogenannten untergeordneten Hemisphäre hängt mit einem rezessiven geschlechtsgebundenen Gen zusammen und weist, wie man festgestellt hat, bei der Vererbung von einer Generation auf die nächste ein Kreuzungsmuster auf, das Umwelt, Erfahrung und sämtliche uns bekannten Entwicklungs- oder Erziehungstheorien erfolgreich ausschaltet.

Wenn wir all diese zusammenhängenden Ergebnisse – und noch viele andere – addieren, kommt dabei eine wesentlich größere Achtung und Wertschätzung der in uns angelegten Individualität heraus. Das Ausmaß und die Art der angeborenen Individualität, die jeder von uns im Gehirn – in seinen Oberflächenmerkmalen, seinem inneren Fasernetz- und Zellaufbau, seiner Mikrostruktur und Chemie – mit sich herumträgt, würden wahrscheinlich die Unterschiede, die sich in Gesichtszügen oder Fingerabdrücken äußern, vergleichsweise grob und blaß erscheinen lassen.

Die vernachlässigte untergeordnete Hemisphäre

Jetzt wollen wir uns einer zweiten Botschaft zuwenden, die sich aus den Erkenntnissen über die Hemisphärenspezialisierung ergibt. Viele Jahrzehnte lang vermutete man, das menschliche Gehirn entwickle sich mit einer stark einseitigen geistigen Dominanz auf der linken Seite; ihr wurden Sprache und höhere, durch Sprache bedingte und mit ihr verbundene kognitive Leistungen zugeordnet, zu denen noch die abstrakten, mathematisch-logischen und anderen Denkfähigkeiten hinzukamen, die man alle in der linken Hirnhälfte ansiedelte. Von der vermeintlich weniger entwickelten, ziemlich zurückgebliebenen und nicht sprachbegabten rechten Hemisphäre nahm man dagegen an, sie sei nicht nur stumm und unfähig zu schreiben, sondern auch noch »worttaub« und »wortblind«. Des weiteren wurde von ihr berichtet, sie weise in erheblichem Umfang Züge von Apraxie und Agnosie auf, das heißt, daß es ihr an der Fähigkeit mangelt, komplexe Willkürbewegungen zu verstehen und auszuführen, und sie lasse höhere kognitive Leistungen überhaupt vermissen.

Diese Eindrücke sind historisch gesehen aus einer langen Reihe klinischer Untersuchungen über die Auswirkungen einseitiger Hirnschädigungen hervorgegangen. Läsionen der rechten Hemisphäre beeinträchtigen die höheren Gehirnfunktionen viel weniger. Andererseits könnten sogar kleine umschriebene Läsionen der linken Hirnhälfte auch bei intakter rechter Hemisphäre jede der oben erwähnten Unzulänglichkeiten bewirken. Durch eine Läsion auf der linken Seite, bei der beispielsweise das Wernickesche Zentrum beschädigt oder dieser linksseitige Hirnbereich von der primären Hörrinde getrennt wurde, ging die Fähigkeit, gesprochene Sprache zu verstehen, verloren. Entsprechend erwiesen sich Läsionen des linken Gyrus angularis oder solche, bei denen nur sein Input aus den visuellen Rindenfeldern unterbrochen wurde, als ausreichend, um die Lesefähigkeit zu zerstören.

Als wir jedoch anfingen, Patienten zu testen, deren Großhirnrinde chirurgisch durchtrennt worden war, stellte sich sehr zu unserem Erstaunen heraus, daß die rechte Hirnhälfte unter diesen Bedingungen keineswegs worttaub oder wortblind und ebensowenig von Apraxie oder Agnosie gekennzeichnet war. Der abgetrennten »untergeordneten« Hemisphäre dieser »Split-brain«- oder Kommissurotomiepatienten gelang es recht gut, auf einem einigermaßen hohen Niveau vom Versuchsleiter laut gesprochene Wörter zu verstehen. Die Versuchspersonen konnten auch gedruckte Wörter lesen, die dem linken Gesichtsfeld in Form von Blitzreizen dargeboten wurden, was beim Heraussuchen bestimmter Gegenstände mit der Hand oder beim Hindeuten auf die entsprechenden Objekte oder Bilder innerhalb eines Mehrfachangebots deutlich wurde. Diese Patienten waren außerdem in der Lage, mit der rechten Hemisphäre die passenden geschriebenen oder gesprochenen Wörter zu dargebotenen Objekten auszuwählen und korrekt vom gesprochenen zum gedruckten Wort zu finden und umgekehrt. Sie konnten sogar mit der Hand Gegenstände richtig heraussuchen, wenn diese nicht beim Namen genannt, sondern vom Versuchsleiter in komplizierten, gesprochenen Sätzen beschrieben worden waren.

In weiteren Untersuchungen über die chirurgisch getrennten Hirnhälften hat sich bei direkteren Links-Rechts-Vergleichen, bei denen die meisten der gewöhnlich verwirrenden Variablen sich gegenseitig aufheben, die sogenannte subdominante oder untergeordnete Hemisphäre in einer umfangreichen Serie nichtverbaler Manipulationstests tatsächlich als der kognitiv überlegene Teil erwiesen. Diese Aufgaben sind natürlich auch nichtmathematisch, nichtsequentiell und weitgehend räumlich – der Aufgabentyp also, bei dem eine einzige, als Ganze verarbeitete räumliche Vorstellung sich eher bewährt als eine detaillierte verbale oder mathematische Beschreibung. Die Versuchspersonen mußten zum Beispiel Gesichter erkennen, Zeichnungen kopieren, Figuren in vorgegebene Formen einfügen, unbestimmbare, taktil und visuell wahrgenommene Gegenstände unterscheiden und wiedererkennen, räumliche Übertragungen und Umwandlungen vornehmen, Blöcke unterschiedlicher Form und Größe begrifflich klassifizieren, anhand eines kleinen Bogens den gesamten Kreisumfang beurteilen und in einer Sammlung von Teilen ganze Formen erkennen. Frühere Zweifel über das Vorhandensein höherer geistiger Funktionen in der untergeordneten Hemisphäre sind heute im wesentlichen zerstreut.

Alles, was wir über Jahre hinweg bei unseren Tests beobachtet haben, erhärtet den Schluß, daß das innere, bewußte Erleben der abgetrennten, stummen Hirnhälfte auf genau derselben Stufe steht wie das der Sprachhemisphäre, obwohl es sich in seiner Eigenart natürlich davon unterscheidet. Die rechte Hemisphäre kann offensichtlich wahrnehmen, denken, lernen und sich erinnern, und alles auf einem sehr menschlichen Niveau. Sie kann auch nichtverbal folgern, wohlüberlegte Entscheidungen treffen und unerwartete, willkürliche Handlungen und komplizierte, erlernte Bewegungen ausführen. Darüber hinaus hat man festgestellt, daß sie typisch menschliche Gefühlsreaktionen zeigt, wenn sie mit affektgeladenen Reizen und sozialen Situationen konfrontiert wird.

Im Rückblick müssen wir uns nun fragen: Warum funktioniert die rechte Hirnhälfte nach einer chirurgischen Trennung – beziehungsweise auch nach der vereinzelt vorgenommenen vollständigen Entfernung der Partnerhemisphäre – einwandfrei, während sie schon nach geringfügigen Läsionen des Gegenparts funktionell versagt? Des Rätsels Lösung scheint zu sein, daß die einseitigen Läsionen die Funktion nicht nur auf der verletzten Seite, sondern durch erhalten gebliebene gekreuzte Kommissurenverknüpfungen auch auf der nicht beschädigten lahmlegen. Wir müssen uns vorstellen, daß die beiden Hälften normalerweise als integrale Einheit zusammenwirken. Wenn eine bestimmte Funktion durch eine relativ kleine, aber kritische Verletzung lahmgelegt ist, insbesondere auf der Seite mit der am stärksten spezialisierten Steuerung, ist das Funktionieren beider Hemisphären davon betroffen. Damit erweisen sich die lateralen oder asymmetrischen Läsionen, auf denen die frühere Doktrin aufgebaut war, als enttäuschend in bezug auf das, was die nicht beschädigte Hemisphäre tun kann.

Jedenfalls hat sich unsere Meinung so gewandelt, daß wir heute ein gründlich revidiertes und aufgewertetes Bild der rechten Hemisphäre und ihrer Funktionsmöglichkeiten akzeptieren. An die Stelle der klassischen neurologischen Doktrin von der einseitigen Dominanz mit einer über- und einer untergeordneten Hemisphäre ist die Vorstellung von einer beidseitigen, komplementären Spezialisierung getreten.

Worauf ich hinaus möchte, ist, daß diese Entwicklung im Zusammenhang mit der rechten Hemisphäre uns unter anderem darauf hinzuweisen scheint, daß unser Bildungssystem und die moderne Gesellschaft überhaupt (mit ihrer sehr starken Betonung der Kommunikation und früher Übung von Lese-, Schreib- und Rechenfähigkeiten) eine ganze Hälfte des Gehirns benachteiligen. Damit meine ich natürlich die nichtsprachliche, nichtmathematische, untergeordnete Hemisphäre, über die wir herausgefunden haben, daß sie unter dem Aspekt der Wahrhnehmung, der Mechanik und des Raums ihre eigene Art zu begreifen und zu denken hat. In unserem gegenwärtigen Schulsystem erhält die untergeordnete Hirnhemisphäre nur das Allernötigste an formaler Ausbildung, im Grunde nichts, verglichen mit den Dingen, die wir tun, um die linke oder übergeordnete Hemisphäre zu schulen. (Als eine Kuriosität am Rande sei erwähnt, daß Statistiken eine Korrelation zwischen sportlichen Fähigkeiten und einer Verbesserung des räumlichen Vorstellungsvermögens aufzeigen. Daraus folgt die interessante Vermutung, daß ein Fortschritt in unserem Verständnis der zerebralen Substrate des Verstandes für ein kleines Comeback der alten, hochangesehenen Vorstellung vom »starken, schweigenden Mann« der Pionierzeit sorgen könnte – einer Vorstellung, die in unserer heutigen sprachorientierten Gesellschaft ziemlich untergegangen ist.)

Behaviorismus auf dem Prüfstand

Die dritte und letzte Botschaft für einen sozialen Wandel, die wir aus der Welt des Labors bekommen, ist vielschichtig und läßt sich nicht so leicht zusammenfassen. Eine der wichtigeren Erkenntnisse – zumindest aus meiner eigenen Sicht –, die wir in den letzten Jahren in der Hirnforschung gewonnen haben, ist ein verändertes Konzept von der Natur des Bewußtseins und seiner Verbindung zur Gehirntätigkeit. Die neue Interpretation oder Umformulierung bedeutet einen direkten Bruch mit dem lange Zeit gültigen, materialistisch-behavioristischen Denken, das die Neurobiologie jahrzehntelang beherrscht hat. Statt ganz auf das Bewußtsein zu verzichten oder es zu ignorieren, zollt die neue Interpretation der Fähigkeit des bewußten Gewahrwerdens volle Anerkennung als einer wichtigen, auf hoher Ebene lenkenden Kraft oder Eigenschaft im Mechanismus des Gehirns. Der bewußte Geist wird jetzt nicht mehr als passives Korrelat beiseite geschoben, sondern zu einem wesentlichen, mit Kausalwirkung versehenen Teil des Gehirnprozesses. Die Phänomene des inneren Erlebens betrachtet man als emergente Eigenschaften der Gehirnaktivität, die zu Kausaldeterminanten für die gesamte Hirnfunktion werden.

Unter diesen neuen Gesichtspunkten bekommt das Bewußtsein einen Nutzen, eine Rechtfertigung für seine Existenz und dafür, daß es in einer materiellen Welt überhaupt entwickelt wurde. Nicht nur bestimmt die Neurophysiologie des Gehirns die geistigen Wirkungen, worüber schon allgemeines Einverständnis bestanden hat, sondern jetzt kommt noch die Auffassung hinzu, daß die emergenten geistigen Operationen ihrerseits die neurophysiologischen Elemente kontrollieren, und zwar aufgrund ihrer höheren Struktureigenschaften und des universellen Prinzips vom Einfluß des Ganzen bei der Bestimmung des Schicksals seiner Teile.

Diese Neuinterpretation hat seit ihrem Erscheinen Mitte der sechziger Jahre zusehends an Anerkennung und Unterstützung gewonnen. Nachdem sie getreu behavioristischen Prinzipien über fünfzig Jahre streng gemieden worden waren, fanden in den letzten Jahren Begriffe wie »geistige Bilder«, visuelle, verbale, auditive »Vorstellungen« und ähnliches als erklärende Konstrukte in der Literatur über Kognition, Wahrnehmung und andere höhere Funktionen explosionsartig weitverbreitete Anwendung.

Die Neuinterpretation bringt das Bewußtsein in die Kausalkette menschlicher Entscheidungsprozesse – und damit ins Verhalten überhaupt, mithin zurück in den Bereich der experimentellen Psychologie, aus dem man es lange ausgeschlossen hatte. Dieser Umschwung vom tonangebenden Materialismus und Reduktionismus in Psychologie und Neurobiologie zurück zu einer neuen, annehmbareren Ausprägung des Mentalismus gibt dem wissenschaftlichen Menschenbild nach und nach viel von der Würde, Freiheit und anderen humanistischen Attributen wieder, die der behavioristische Denkansatz ihm für lange Zeit entzogen hatte.

Alte metaphysische Dualismen und die scheinbar unversöhnlichen Paradoxe, die früher zwischen den Realitäten des geistigen Erlebens auf der einen und denen der experimentellen Hirnforschung auf der anderen Seite bestanden, werden heute im Rahmen einer einzigen umfassenden und vereinheitlichenden Auffassung von Geist, Gehirn und Mensch in der Natur in Einklang gebracht. Diese sich wandelnden Vorstellungen vom menschlichen Geist verändern hauptsächlich das allgemeine Bild vom Menschen und seiner Rolle, wie die behavioristische Tradition es gezeichnet hatte, bringt aber auch andere bedeutsame Abweichungen von der herkömmlichen materialistischen Doktrin mit sich.

Wenn man von subjektiven Werten annimmt, daß sie objektive Auswirkungen im Gehirn haben, muß man sie nicht mehr in einen Bereich außerhalb jeder wissenschaftlichen Betrachtung abschieben. Statt die Wissenschaft von den Werten zu trennen, führt unsere Deutung (wenn man all die verschiedenen Verzweigungen und logischen Implikationen bis ans Ende verfolgt) zu einer Einstellung, die die Wissenschaft als bestgeeignete Grundlage, Methode und Autorität betrachtet, um Kriterien und Bezugsrahmen für die höchsten Werte und die höchsten ethischen Axiome und Leitlinien zu bestimmen, nach denen die Menschen leben und ihre Völker regieren können. Unter Wissenschaft verstehe ich hier im weiteren Sinne das Wissen und Verständnis, die Einsichten und Perspektiven, die aus der Wissenschaft kommen. Insbesondere denke ich aber an die Prinzipien für Gültigkeit, Zuverlässigkeit und Glaubwürdigkeit der wissenschaftlichen Methode als Weg zur Wahrheit – sofern das menschliche Gehirn Wahrheit überhaupt begreifen kann. Mit anderen Worten, was in der Vergangenheit verächtlich als »Szientismus« bezeichnet wurde, erhält jetzt neuen Auftrieb mit zusätzlichen Dimensionen, einer ganz neuen Erscheinungsform und neuen Zukunftsaussichten.

Unter diesen Umständen werden menschliche Werte sehr wohl zu einem Problem für die Naturwissenschaft und in gewisser Hinsicht vielleicht heute sogar zum wichtigsten Problem in der gesamten Wissenschaft. Wie ich oben schon erklärt habe, ragen die menschlichen Wertpräferenzen als die strategisch einflußreichsten kausalen Kräfte heraus, die heute die Ereignisse auf unserem Globus lenken. Mehr als jedes andere Kausalgefüge, mit dem die Wissenschaft sich heute befaßt, wird der menschliche Wertfaktor die Zukunft bestimmen.

Daß ich das Problem der ethisch-moralischen Werte auf der wissenschaftlichen Prioritätenliste für die nächsten zehn Jahre vor den eher greifbaren Sorgen wie Armut, Überbevölkerung, Energiemangel oder Umweltverschmutzung an die erste Stelle gesetzt habe, hat folgende Gründe: Erstens sind all diese Zustände vom Menschen geschaffen und in hohem Maße Produkte menschlicher Wertsetzungen. Zudem gibt es keine Möglichkeit, sie auf Dauer zu beseitigen, wenn man nicht zuerst die zugrundeliegenden Wertprioritäten ändert, um die es dabei geht. Und schließlich besteht der strategisch günstigere Weg zur Verbesserung dieser globalen Bedingungen darin, sich von vornherein mit den sozialen Wertpräferenzen zu befassen, statt darauf zu warten, daß durch eine weitere Verschlechterung der Lage Wertveränderungen erzwungen werden. Andernfalls sind wir von jetzt an dazu verdammt, dauernd an den Grenzen des Unerträglichen zu leben; die Wählermehrheit wird sich nämlich nicht dazu durchringen, ihre bestehenden Werte zu ändern, bevor die Lage nicht nahezu unhaltbar geworden ist. Im übrigen genießen andere Ansätze zur Lösung unserer krisenhaften Probleme offensichtlich schon ein erhebliches Maß an Aufmerksamkeit. Gerade der Wertfaktor wurde jedoch ausgespart und sogar grundsätzlich zur »Sperrzone« erklärt.

Es dürfte deutlich geworden sein, daß als ein Ergebnis all dieser Überlegungen die Naturwissenschaft in eine etwas andere gesellschaftliche Rolle gehoben wird, die über die Beschaffung besserer Dinge für ein besseres Leben oder die Vorhersage und Kontrolle von Naturerscheinungen und selbst die Ausdehnung unseres Wissenshorizonts hinausgeht. So gesehen wird Wissenschaft zum wichtigsten Instrument bei der Ausformung von Wert- und Glaubenssystemen auf höchster Ebene und zum direktesten Weg, wenn wir jene »Kräfte, die das Universum bewegen und den Menschen schufen«, wirklich verstehen und einen Bezug zu ihnen herstellen wollen.

Eine Brücke zwischen Naturwissenschaft und Werten

Die Anerkennung der Wissenschaft als einer Autorität, die mit höchsten Werten betraut ist, setzt einen ganz erheblichen Meinungswandel voraus. Unsere Hauptaufgabe wird immer darin bestehen, traditionelle Auffassungen über die Beziehung zwischen Naturwissenschaft und Werten zu bekämpfen. Mit diesem zentralen Punkt haben wir es auch hier zu tun. Der Leser, der bereits von der Notwendigkeit einer Veränderung überzeugt ist, kann einen Großteil dieses Kapitels, in dem viele schon angesprochene Punkte bekräftigt werden, ruhig überspringen. Der vorliegende Aufsatz unterscheidet sich von den vorhergehenden dadurch, daß er eine ausgereiftere, detailliertere und gut belegte Diskussion mit zahlreichen Hinweisen für den seriösen Gelehrten, Kritiker und andere bietet, die sich vielleicht für die Grundlagen menschlicher Werte interessieren. Die Tragweite und soziale Dringlichkeit der Frage mögen die Aufnahme dieser gezielteren Überlegungen trotz mancher Überschneidung rechtfertigen.

Die allgemein verbreitete Annahme, die Naturwissenschaft sei für ethisch-moralische Urteile ungeeignet, spiegelt sich in dem alten Diktum wider, daß es in der Naturwissenschaft nicht um Werte, sondern um Fakten geht, woraus automatisch folgt, daß Werturteile außerhalb des naturwissenschaftlichen Interesses liegen. Andere Versionen behaupten, die Naturwissenschaft könne uns zwar sagen *wie*, aber nicht *warum*, zwar, wie wir erklärte Ziele erreichen können, aber nicht, welches die moralisch richtigen Ziele sind, nach denen wir streben sollen. In einer weiteren Äußerung heißt es, die Wissenschaft könne uns erklären, was *ist*, aber nicht, was sein *sollte*, und sie könne zwar *be*schreiben, aber nicht *vor*schreiben.

Obwohl dieser altehrwürdige Gegensatz zwischen Naturwissenschaft und Werturteilen keineswegs unangefochten ist (2, 10, 13, 36, 80), halten die meisten Naturwissenschaftler, Philosophen und Angehörige benachbarter Disziplinen weiterhin an der Tradition fest, daß die Naturwissenschaft als Fachgebiet sich ihrem ganzen Wesen nach mit objektiven Tatbeständen zu befassen hat und weder als Methode noch als Erkenntnisgebäude dazu da ist, Werte vorzuschreiben oder Probleme im Bereich der subjektiven Werte zu lösen. Wenn es zu Wertkonflikten kommt, heißt es, wir sollten unsere Antworten woanders suchen – in den Geisteswissenschaften, der Ethik und der Philosophie und vor allem in der Religion, die lange als oberste Hüterin menschlicher Wertsysteme angesehen wurde. Ob diese traditionelle Trennung von Wissenschaft und Werten und die damit verbundenen Beschränkungen, die sie der Rolle der Naturwissenschaft auferlegt, grundsätzlich ihre Berechtigung haben, ist heute vor dem Hintergrund der neuen Gehirn–Geist-Theorie durchaus fraglich.

Wertprobleme aus wissenschaftlicher Sicht

Neben ihrer allgemein anerkannten Bedeutung aus persönlicher, religiöser oder philosophischer Sicht können menschliche Werte auch als Universaldeterminanten in jedem Entscheidungsprozeß betrachtet werden. Alle Entscheidungen laufen auf eine Wahl zwischen Möglichkeiten hinaus, die, aus welchen Gründen auch immer, am höchsten veranschlagt werden, und sind durch das jeweils maßgebende Wertsystem determiniert. Unter dem Aspekt der Gehirnfunktion ist klar, daß die Werte einer Einzelperson oder Gesellschaft unmittelbar und fortwährend deren Handlungen und Entscheidungen prägen. Jedes Gehirn wird auf denselben Input anders reagieren und dazu neigen, dieselbe Information in ganz verschiedene Verhaltenskanäle zu lenken, je nachdem, wie sein spezielles System von Wertpräferenzen aussieht. Kurz, was eine Person oder Gesellschaft hoch bewertet, bestimmt weitgehend, was sie tut. Mit dem Anwachsen der Weltbevölkerung und dem Fortschritt in Wissenschaft und Technik gewinnt die regulierende Kontrollfunktion des Wertfaktors – der unmittelbar bestimmt, wie diese verstärkten Einflußmöglichkeiten des Menschen angewandt und gelenkt werden – entsprechend an Wirkung.

In einem anderen Zusammenhang erfahren wir, daß die in unserer Zeit vorherrschende soziale Neurose in einem wachsenden Gefühl der Wertlosigkeit, Apathie, Hoffnungslosigkeit und des Verlusts von Ziel und Sinn des Lebens besteht. Wir werden an den überall zu beobachtenden Zerfall lange gültiger Wert- und Glaubenssysteme erinnert, an das nach allen Seiten tastende Suchen nach neuen Antworten und neuen Lebensstilen und die teilweise ins Extrem gehende Wiederbelebung einiger alter Antworten. Aus anderen Richtungen werden Mahnungen laut, daß die Weltgemeinschaft ein ganz neues System sozialer Leitwerte braucht, wenn die Zivilisation überleben soll, »eine neue Überlebensethik«, wie Hardin es ausdrückt (32), die darauf hinwirken würde, unsere Welt zu erhalten, statt sie zu zerstören.

Angesichts der ungeheuren, aktuellen Bedeutung und Kontrollgewalt menschlicher Werte und der entscheidenden Rolle, die ihnen bei der Gestaltung des Weltgeschehens zukommt, muß man zu dem Schluß gelangen, daß wir sicher ein großes Defizit in der Wissenschaft und all dem, was sie repräsentiert, zu verzeichnen haben, wenn die Naturwissenschaft allein von ihrer ganzen Anlage her schon ungeeignet ist, sich mit Werten und Wertproblemen zu befassen. Aus dieser Sicht wird verständlich, daß der Staat die Finanzierungsschraube für die Naturwissenschaften, vor allem die reine Wissenschaft, fester anzieht und daß insgesamt das intellektuelle Vertrauen in die Naturwissenschaft allmählich schwindet, während die Kräfte der Wissenschaftsfeindlichkeit durch die Schriften von Wissenschaftskritikern (46, 60) an Boden gewinnen. Die Zukunft der exakten Wissenschaften wird in hohem Maße davon abhängen, ob ihnen im Bewußtsein der Öffentlichkeit eine Kompetenz im Reich der Werte zugestanden wird oder nicht. Umgekehrt wird auch die Zukunft der Gesellschaft ganz davon abhängen, ob ihre Wertperspektiven von den Wahrheiten und dem Weltverständnis der exakten Wissenschaften oder von anderen, heute verbreiteten außerweltlichen Determinanten geprägt werden.

Grundlagen für eine Neubewertung

Während die Trennung von Naturwissenschaft und Werten in der Vergangenheit eine logische Berechtigung zu haben schien und mit Blick auf bestimmte Aspekte der wissenschaftlichen Methodenlehre auch immer noch hat, sind heute Standpunkte erkennbar, die die grundlegende philosophische Gültigkeit der Zweiteilung von Wissenschaft und Werten unmittelbar in Frage stellen. Jüngste Entwicklungen vor allem in den Verhaltenswissenschaften greifen zentrale Fragen

89

wieder auf und liefern Argumente für eine neue Philosophie, in der die moderne Naturwissenschaft zum wirkungsvollsten und verläßlichsten Instrument des menschlichen Gehirns wird, um glaubwürdige Kriterien zur Begründung von moralischem Wert und Sinn zu bestimmen (80). Die Problematik von Werten, Ethik und Moral (das heißt die Fragen nach dem, was gut, richtig und aus ethischer Sicht wahr ist und was sein sollte) wird in diesem neuen Rahmen etwas, wozu die Naturwissenschaft im wahrsten Sinne des Wortes einen wesentlichen Beitrag leisten kann und woran sie aktiv und verantwortlich beteiligt werden sollte.

Obwohl derartige Vorschläge seit den Tagen Francis Bacons von Lästerern weitgehend als Szientismus abgetan worden sind, haben begriffliche Entwicklungen der letzten zehn Jahre eine Auffassung vom bewußten Geist mitsamt dem daraus resultierenden philosophischen Gerüst entstehen lassen, durch die das Bild sich ganz erheblich verändert. Das Verhältnis zwischen subjektiven Werten und objektiver Wissenschaft, der wissenschaftliche Status von Werten und die Arten menschlicher Werte, die von der Naturwissenschaft untermauert werden, sie alle sind hier unmittelbar betroffen. Die neue Anschauung, die unserer bewußten Erfahrung eine aktive Kausalfunktion innerhalb der Hirnprozesse einräumt, steht in krassem Gegensatz zu den zentralen Grundprinzipien des Watsonschen Behaviorismus und des wissenschaftlichen Materialismus unseres Jahrhunderts überhaupt (75, 81). Daraus ergeben sich bedeutende Abweichungen von lange gültigen deterministischen und materialistischen Doktrinen mit weitreichenden Konsequenzen für die Wissenschaftsphilosophie und die Herleitung von Werten.

Die erwähnten theoretischen Veränderungen sind an anderer Stelle bereits ausführlich dargelegt worden (73–83) und können etwa folgendermaßen zusammengefaßt werden: Wir lehnen frühere Bewußtseinstheorien ab, nach denen die subjektive Erfahrung ein Epiphänomen, ein innerer Aspekt beziehungsweise irgendeine Art passiven, parallelistischen Korrelats der Gehirntätigkeit oder, wie in der »psychophysischen Identitätstheorie«, mit Nervenprozessen identisch ist. In diesem neu konzipierten Modell sind geistige Phänomene »anders als, mehr als und nicht reduzierbar auf« neurale Vorgänge – obwohl sie aus bestimmten Vorgängen in den Nerven- und vielleicht auch Gliazellen und anderen physicochemischen Prozessen bestehen.

Ebenso weisen wir den Versuch zurück, Bewußtsein zu einem Pseudoproblem zu erklären, das als semantisches Artefakt in unser Denken hineingezaubert wurde und durch einen geeigneten linguistischen Ansatz gelöst werden kann. Unter Umgehung all des vorher Gesagten gründet sich die Theorie auf die Interpretation des Bewußtseins als emergenter Eigenschaft der Gehirnaktivität, wie sie insbesondere die gestaltpsychologische Schule mit ihren Vorstellungen vertrat, die während der dreißiger und frühen vierziger Jahre ihre Blütezeit erlebten (7, 37, 38, 40).

Das vorliegende Modell hebt sich von den früheren emergenten Gestalt-Begriffen dadurch ab, daß erstens die emergenten Eigenschaften hier mit den Wirkungen elektrischer Rindenfelder oder anhaltender Erregungsströme weder verbunden noch von ihnen abgeleitet sind, sondern eher im Rahmen traditioneller Theorien über neurale Verschaltung und zerebrale Integrationsprozesse gedacht werden. Zweitens verlangt dieses Modell keine isomorphe oder topologische Übereinstimmung zwischen den emergenten, subjektiven Eigenschaften und den zentralnervösen Vorgängen. Subjektive Bedeutung ergibt sich nach dem neuen Verständnis eher aus der funktionellen oder operationalen Wirkung eines gegebenen Gehirnvorgangs oder aus der Art und Weise, wie er innerhalb der gesamten Gehirndynamik »funktioniert« (67).

Drittens stimmt die neue Auffassung zwar mit der Gestalttheorie darin überein, daß geistige Phänomene sich nicht auf neurale Vorgänge reduzieren lassen; sie übernimmt jedoch nicht deren Extremposition, die jede Analyse und Erklärung von den Teilen her kategorisch ablehnt. Im vorliegenden Modell hätte eine Beschreibung der neuralen Vorgänge, die eine beliebige Erfahrung bewirken, sogar enormen erklärenden Wert und dürfte vermutlich die größte Hoffnung auf einen Fortschritt in unserem Verständnis darstellen. Viertens – und das ist der wichtigste Punkt – werden die emergenten Eigenschaften hier nicht als rein passive, parallele Korrelate, Aspekte oder Nebenprodukte von Vorgängen in der Großhirnrinde betrachtet, sondern vielmehr als aktive Kausaldeterminanten, die für die Steuerung normaler Gehirntätigkeit unentbehrlich sind.

Es gibt nun ein begriffliches Erklärungsmodell dafür, wie der Geist die Materie im Gehirn beherrschen und einen kausalen Einfluß bei der Lenkung und Kontrolle des Verhaltens ausüben kann, dessen Bedingungsgefüge für die Naturwissenschaft annehmbar ist und das nicht gegen die monistischen Prinzipien der wissenschaftlichen Erklärung verstößt. Ein direkter empirischer Beweis liegt natürlich nicht vor, aber ebensowenig gibt es einen Beweis für die traditionelle behavioristisch-materialistische Position. Alles in allem läuft es auf ein Gleichgewicht der Glaubwürdigkeit hinaus, und man kann wohl nur sagen, daß während der letzten zehn Jahre viele von uns mehr und mehr zu der Überzeugung gelangt sind, daß diese modifizierte Kausalvorstellung vom Bewußtsein in manchen Punkten glaubwürdiger ist als die behavioristische Auffassung.

Eine dualistische Wechselwirkung im klassischen Sinn ist hier nicht im Spiel. Die kausale Kraft, die den subjektiven Eigenschaften zugeschrieben wird, liegt in der hierarchischen Struktur des Nervensystems und in der Macht, die jede Ganzheit über ihre Teile ausübt. Der Geist bewegt die Materie im Gehirn in ganz ähnlicher Weise wie ein Organismus die Organe und Zellen bewegt, aus denen er besteht, oder ein Molekül bei einer chemischen Reaktion den Weg seiner eigenen Atome, Elektronen und Elementarteilchen lenkt. Im Fall der bewußten Erfahrung sind es die dynamischen Systemeigenschaften von Hirnprozessen höherer Ordnung, die ihre Bestandteile, die neuralen und chemischen Elemente, steuern. Holistischen, emergenten oder Systemeigenschaften billigt man anderswo generell ihre Kausalwirkung zu. Unsere neue Anschauung pocht nun lediglich darauf, daß die emergenten, subjektiven Eigenschaften der Gehirnvorgänge keine Ausnahme von dieser Regel darstellen. Die hier angesprochenen Prinzipien einer hierarchisch organisierten, kausalen Kontrolle von Schicht zu Schicht sind mittlerweile von E. Pols in einem philosophischen Rahmen ausführlich dargelegt und im Detail erläutert worden (52, 53).

Die neue Anschauung unterscheidet sich von früheren Konzepten dadurch, daß die wissenschaftliche Erforschung von Gehirn und Verhalten subjektives, bewußtes Erleben nicht mehr ignorieren und auch nicht mehr erwarten kann, jemals prinzipiell zu einer vollständigen, objektiven Beschreibung höherer psychologischer Funktionen zu gelangen. Man begreift, daß die bewußten Eigenschaften als solche für den Ablauf neuraler Vorgänge von größter Bedeutung sind. Dieses Modell läßt die subjektive Erfahrung im Rahmen der Gehirntätigkeit arbeiten und gibt ihr die Rechtfertigung dafür, daß sie überhaupt existiert und sich in einem physischen System entwickelt hat. Diese modifizierte Betrachtungsweise der Grenzfläche zwischen Geist und Gehirn, deren Ursprung hauptsächlich in Versuchen liegt, die vermutete Einheit und / oder Dualität subjektiver Bewußtheit bei intakten beziehungsweise durchtrennten Kommissurenfasern im Gehirn zu erklären (74, 85), fügt ausgewählte Aspekte früherer materialistischer, mentalistischer, emergentistischer und pragmatischer Doktrinen zu einer neuen Kombination zusammen. Das Ergebnis bedeutet im Grunde, daß die stark wertbesetzte, ganz eigene Welt inneren, bewußten, subjektiven Erlebens (die Welt der Geisteswissenschaften), die aufgrund behavioristisch-materialistischer Prinzipien lange Zeit ausdrücklich von jeder naturwissenschaftlichen Betrachtung ausgenommen war, ihren alten Platz wieder erhält.

Das Gegensatzpaar Naturwissenschaft–Werte ist auf zweierlei Weise direkt betroffen: Subjektive Werte sind grundsätzlich nicht mehr aus dem Wirkungsbereich experimenteller Naturwissenschaft und wissenschaftlicher Methode ausgeschlossen, und zweitens haben sich das naturwissenschaftliche Weltbild und folglich die Arten menschlicher Werte, die von den exakten Wissenschaften vertreten werden, in ihrer humanistischen Dimension sehr stark verändert. Für sich genommen wie auch in Kombination mit ihren Weiterungen und Implikationen revidieren diese beiden Faktoren frühere Argumente für das Bestreben, »Werturteile aus dem Bereich der Naturwissenschaft fernzuhalten«, Argumente, zu denen sie in direktem Widerspruch stehen.

Ein neuer Ausblick

Der damit verbundene Wandel im wissenschaftlichen Status des Bewußtseins hat zur Folge, daß man viel von dem mechanistischen, behavioristischen, deterministischen und reduktionistischen Denken aufgibt, das zuvor die Naturwissenschaften gekennzeichnet hatte und das die Geisteswissenschaften nie so recht akzeptieren konnten. Vor allem die Verhaltenswissenschaft erscheint in dieser Hinsicht in neuem Licht und wird viel subjektiver und humanistischer. Neuere Trends in der Psychologie, die man wahlweise als die »humanistische«, »kognitive« oder »dritte« Revolution oder einfach als die »neue Psychologie«

bezeichnet, sind mehr als nur eine Frage von sich ändernden Einstellungen in der Wissenschaft, von materiellem Fortschritt oder vorübergehenden gesellschaftlichen Tendenzen. Sie besitzen einen authentischen theoretischen Unterbau in unseren veränderten Grundkonzepten von Geist und Gehirn.

Vor diesem Hintergrund wird es unter anderem immer schwieriger, sich vorzustellen, daß es zwei getrennte Bereiche von Erkenntnis, Dasein oder Wahrheit geben soll: einen für die objektive Wissenschaft und einen für subjektive Erfahrung und Werte. Alte metaphysische Dualismen und die scheinbar unversöhnlichen Gegensätze, die in der Psychologie (88) zwischen den Realitäten innerer Erfahrung und denen der experimentellen Hirnforschung bestanden haben, gehen in einer einzigen kontinuierlichen Hierarchie auf. Innerhalb des Gehirns steigen wir begrifflich in einem hierarchisch geordneten Kontinuum von den Elementarteilchen über die Atome, Moleküle und Zellen hinauf zur Stufe der neuralen Schaltsysteme ohne Bewußtsein und schließlich zu den Gehirnprozessen mit Bewußtsein. Objektive Tatbestände und subjektive Werte sind nun Gegenstand ein und derselben Abhandlung. Die Kluft zwischen Naturwissenschaft und Werten ist dadurch teilweise nivelliert worden, daß das Betätigungsfeld der Wissenschaft auf die Erforschung inneren Erlebens ausgedehnt und der Status subjektiver Werte geändert wurde, so daß sie jetzt nicht mehr abgehoben in einer Sphäre epiphänomenaler oder anderer parallelistischer Erscheinungen schweben, in der sie für die Naturwissenschaft nicht erreichbar sind.

Solange die exakten Wissenschaften den ganzen Bereich innerer, subjektiver Erfahrung verleugnen und als nicht kausal ablehnen, bleiben da, wo es um Probleme subjektiver Wertsetzung geht, ihr Inhalt und ihr Weltverständnis unzulänglich und unbefriedigend. Wird das Kausalkonzept der bewußten Erfahrung angenommen, bedeuten die qualitativen, subjektiven Dimensionen von Wertsystemen kein Hindernis mehr für eine naturwissenschaftliche Betrachtungsweise und müssen auch nicht notwendigerweise übergangen oder herabgewürdigt werden. Das naturwissenschaftliche Bild vom Menschen gewinnt viel von der Freiheit, der Würde und den anderen Eigenschaften zurück, die es lange entbehren mußte. Viele in der Vergangenheit erhobene wissenschaftsfeindliche Einwände gegen die Vermischung von Naturwissenschaft und Werten greifen heute nicht mehr. Hier wird zudem ein holistisches Weltmodell und Wirklichkeitsverständnis vertreten, in dem die qualitativen Struktureigenschaften aller Entitäten als ganz genauso real und kausal wirksam gelten wie die Eigenschaften ihrer Teile oder die Ergebnisse quantitativer Messungen und Abstraktionen. Die Wahrung des qualitativen Werts und pluralistischen Reichtums der physischen Realität steht im Gegensatz zu der allgemeinen Tendenz, Naturwissenschaft mit Reduktionismus gleichzusetzen (60).

Weitere Auswirkungen auf die Menschheit

In einem neuen, von Grund auf veränderten Bild des kausalen Determinismus im Verhalten kommt die Erkenntnis zum Ausdruck, daß alle subjektiven, geistigen Erscheinungen einschließlich subjektiver Werte innerhalb des Entscheidungsprozesses eine Kausalfunktion als solche besitzen und nicht nur bloße Korrelate oder Aspekte einer sich selbst genügenden Gehirnphysiologie sind (71–83). Bei jeder Handlungsentscheidung schieben sich die bewußten geistigen Phänomene über die sie bildenden physiologischen und biochemischen Determinanten und lösen sie ab. Sogar subjektive Empfindungen zu geplanten Ergebnissen, von denen man voraussieht, daß sie erst in fünfundzwanzig oder hundert Jahren aus einer bestimmten Entscheidung folgen werden, können vorwirkend als Kausaldeterminanten in die Hirnprozesse eingefügt werden, die zu dieser Entscheidung führen. In diesem Zusammenhang ist Verhalten immer noch kausal und deterministisch, aber auf einer kognitiven und antriebsgesteuerten, geistigen »statt einer mechanischen oder physiologischen« Ebene. Völlige Freiheit von jeder Kausalität hätte ein sinnloses, dem Zufall überlassenes Chaos zur Folge und wäre genauso schlimm wie der mechanische Determinismus, wenn nicht schlimmer. Die neue Theorie bietet einen Kompromiß, der es dem einzelnen erlaubt, seine Handlungen nach seinen eigenen subjektiven Wünschen, persönlichen Einschätzungen, Perspektiven, kognitiven Zielsetzungen, persönlichen Vorlieben und anderen geistigen Neigungen auszurichten. Das Ausmaß und die Formen der Willensfreiheit, die damit in die Kausalkette des Entscheidungsprozesses eingeführt werden, zeichnen das menschliche Gehirn deutlich aus und weisen ihm aufgrund seiner Fähigkeit, sich für einen bestimmten Verlauf der Ereignisse zu entscheiden und ihn zu steuern, eine Spitzenposition im Universum zu, die es über alle anderen uns bekannten Systeme erhebt.

Die in den vorhergehenden Abschnitten angesprochenen Konzepte sind von ebenso zentraler wie grundlegender Bedeutung für Ethik und Werttheorie. Wertpräferenzen sind vor allem im ideologischen, religiösen und kulturellen Bereich direkt oder als natürliche Folge sehr stark von Konzepten und Überzeugungen abhängig, die die Eigenschaften des Bewußtseins und die durch sie möglich werdenden Arten von Lebenszielen und Weltdeutungen zum Gegenstand haben. Soziale Werte hängen direkt und indirekt davon ab, ob das Bewußtsein als sterblich oder unsterblich, wiedergeboren oder kosmisch gilt und ob man es als örtlich beschränkt und ans Gehirn gebunden betrachtet oder als im wesentlichen universell – wie im Panpsychismus oder in der Whiteheadschen Theorie – oder ob man ihm vielleicht sogar die Fähigkeit zur »Übervereinigung« in einem Megabewußtsein zuspricht. Wo früher der Mutmaßung in diesen Bereichen scheinbar keine Grenzen gesetzt waren, engen neue Erkenntnisse in der Neurobiologie den Spielraum für mögliche realistische Antworten mehr und mehr ein. In der modernen Neurophysiologie fragt man sich nicht mehr so sehr, ob das Bewußtsein überhaupt mit dem lebenden Gehirn verbunden ist, sondern eher, mit welchen speziellen Teilen des Gehirns oder mit welchen neuralen Systemen und unter welchen physiologischen Bedingungen (16, 22, 41).

Da die Vorgänge im Gehirn allmählich objektiv erfaßt werden, können alle psychischen Phänomene einschließlich der Wertbildung als Kausalfaktoren innerhalb unserer Entscheidungsprozesse behandelt werden. Ursprünge, richtungweisende Macht und Konsequenzen von Wertsetzungen werden im Prinzip allesamt zum Gegenstand objektiv-wissenschaftlicher Erforschung und Analyse. Das gilt für alle Schichten, angefangen bei den Lust- und Schmerzzentren im Gehirn und anderen Verstärkungssystemen bis hinauf zu den psychosozialen, ökonomischen und anderen Kräften, die die Prioritäten auf gesellschaftlicher, nationaler und internationaler Ebene festlegen. Die moderne Verhaltenswissenschaft behandelt Wertvariablen und deren Entstehung bereits als wichtige kausale Varianten im Verhalten und befaßt sich unter analytischen Gesichtspunkten mit Zielsetzungen, Bedürfnissen, Motivation und ähnlichen Faktoren, die auf der Ebene von Individuum, Gruppe und Gesellschaft eine Rolle spielen. Man kann sich jetzt eine Vorstellung machen von dem, was auf eine Wissenschaft der Werte im Rahmen der Entscheidungstheorie hinausläuft (2, 58, 80), in alle Zweige der Verhaltenswissenschaft hineinreicht und eine Art Grundgerüst für die Sozial- und Verhaltenswissenschaft bildet. Die Neurobiologie findet hier ein Gestaltungsprinzip, das die Organisation und Tätigkeit des Gehirns als ein zielgerichtetes, wertorientiertes Entscheidungssystem versteht und an die Stelle älterer Konzepte von »Reiz-Reaktion« oder »zentraler Schalttafel« tritt, die aus der Rückenmarksphysiologie entstanden waren.

Der »Sein« – »Sollen« – Fehlschluß

Im Rahmen der oben beschriebenen Denkweise verflüchtigen sich die noch bestehenden traditionellen Einwände gegen die Vermischung von Naturwissenschaft und Werten allmählich. Der einflußreichste Faktor, der zur Zeit den Gegensatz zwischen Wissenschaft und Werten noch aufrechterhält, ist wahrscheinlich die allgemeine Zustimmung zu der von Berufsphilosophen vorgebrachten Behauptung, es sei logisch unmöglich, das, was »sein sollte«, aus dem heraus zu bestimmen, was »ist«, oder ethische Prioritäten aus objektiven Tatsachen abzuleiten. Meiner Meinung nach war dieses vielzitierte Diktum von der Verhaltenswissenschaft her nie haltbar und ist bestenfalls als logisches Artefakt eines rein akademischen Ansatzes in der Philosophie zu werten. Menschliche Werte sind von Natur aus Eigenschaften der Gehirnaktivität, und wir beschwören eine logische Verwirrung geradezu herauf, wenn wir versuchen, sie (80) zu behandeln, als führten sie ein unabhängiges, vom funktionierenden Gehirn künstlich getrenntes Dasein. In den Gehirnprozessen wirken eintreffende Daten regelmäßig auf Werte ein und formen sie.

Diese beiden Faktoren, »innen« und »außen«, beeinflussen sich gegenseitig als Kofunktionen beim Aufbau unseres Wertgefühls. Das sich daraus ergebende Wertsystem eines erwachsenen Menschen oder einer Gesellschaft ist genau wie die entsprechenden Vorstellungen von dem, was sein sollte, zu einem ganz wesentlichen Teil durch den jeweils vorgefundenen Tatsachenkomplex bestimmt. Mit Blick auf den Gehirnprozeß wird es kaum möglich sein, einen besseren Weg zur

Bestimmung dessen, was sein sollte, zu finden, als den, sich auf Tatsacheninformationen, besonders auf wissenschaftlich überprüfte Fakten und Ableitungen zu stützen. Geschichte und allgemeine Beobachtung bestätigen, daß nichts und niemand besser als die exakten Wissenschaften vorzuschreiben vermag, welche Bedingungen jeweils erfüllt sein müssen, um so gut wie jedes fest umrissene Ziel zu erreichen, sei es nun ein Landeplatz auf dem Mars, eine Verbesserung der körperlichen oder geistigen Gesundheit oder was auch immer. Dasselbe gilt für höchste Ziele, wie sie später im Abschnitt über »Hauptdeterminanten« diskutiert werden.

Bei der Verarbeitung von Fakteninput verfügen die Mechanismen des Gehirns schon von vornherein über ein reichhaltiges Instrumentarium an bestehenden Wertdeterminanten und inneren logischen Zwängen in Form von kombinierten angeborenen und erworbenen Bedürfnissen, Zielen, Motivations- und anderen zielgerichteten Faktoren, die ihren Ursprung teils in biologischer Veranlagung, teils in früherer Erfahrung haben und die auch auf formalen Weg durch die rationale Übernahme ethischer Axiome entstehen können. Besonders nützlich für diese Verarbeitung ist das weitgehend angeborene Bedürfnis des menschlichen Gehirns, Sinn zu erfassen und auf lange Sicht auch den seines »Selbst«. Da es im praktischen Leben niemals darum geht, Werte von äußeren Tatsachen per se abzuleiten, sollten wir unser Interesse vielleicht besser auf die Frage konzentrieren, welchen Einfluß eine Reihe von Sachverhalten auf laufende Gehirnprozesse ausübt. Wenn demnach jemand wissen will, ob ein Faktenkatalog seine Wertpräferenzen oder seine Einschätzung dessen, was sein sollte, formen kann, lautet die Antwort natürlich »ja«. Wir sind ständig dabei, unsere ethischen Werte neuen Tatsacheninformationen anzupassen, und der wissenschaftliche Fortschritt hat immer einen starken, unausweichlichen Einfluß auf unsere Systeme moralischer Überzeugungen und Bewertungen gehabt.

Das angeborene, ursprüngliche Wertsystem, das auf dem biologischen Überleben beruht (58), zur menschlichen Natur gehört und dessen persönliche, zwischenmenschliche und »humanitäre« Aspekte auf die Bildung eines breit angelegten gemeinsamen Nenners für alle ethischen Systeme hinauslaufen, wird in diesem Zusammenhang weitgehend als Konstante behandelt. Unser Interesse gilt hauptsächlich den Bereichen, in denen ethische Systeme zueinander im Widerspruch stehen, und vor allem den kognitiven, axiologischen und angrenzenden Variablen, die von der Annahme oder Ablehnung der naturwissenschaftlichen Methode und Weltsicht als letztem Bezugsrahmen betroffen sind. In diesem kognitiven, rationalen Bereich treten nämlich die meisten größeren Wertkonflikte und ideologischen Differenzen auf. Die weitere, damit zusammenhängende Problematik der Hauptdeterminanten, Ausgangsaxiome und Grundvoraussetzungen ethischer Systeme soll weiter unten gesondert betrachtet werden.

Zusammenlaufende Gedanken

Es gibt andere, in dieselbe Richtung weisende Gedankengänge, die bezüglich der potentiellen Rolle der Wissenschaft bei der Bildung von Werten zu denselben Schlußfolgerungen gelangen wie wir, so daß die meisten dieser Schlüsse, falls das vorliegende Geist-Gehirn-Modell verworfen wird, aus anderen Gründen immer noch Gültigkeit besitzen. Der gesunde Menschenverstand gebietet uns, die Wissenschaft als unsere Tatsacheninformationsquelle Nummer eins einfach deshalb in den Bereich des Werturteils mit einzubeziehen, weil ein auf Informationen beruhendes Urteil im allgemeinen dem Urteil eines gar nicht oder falsch informierten Menschen vorzuziehen ist. Und wenn die beste Methode, zu moralischen Urteilen über gut und böse zu gelangen, darin besteht, daß man sich auf das Wahre stützt und das Falsche meidet, dann dürfte die Wissenschaft auch in diesem Punkt eine führende Rolle bei der Bildung ethischer Werte verdient haben, statt für untauglich erklärt zu werden. Der Begriff »Wissenschaft« bezieht sich übrigens in diesem ganzen Kapitel nicht auf einzelne Wissenschaftler beziehungsweise deren persönliche Ansichten und Werte, sondern auf das gesamte kollektive Wissen und Weltmodell aller, einschließlich der Sozial- und Politikwissenschaften, und auf die Einsicht, das Verständnis und das Wertgefühl, wie sie von diesem Kollektivwissen (dem, was in Reichweite der menschlichen Gesellschaft der Allwissenheit am nächsten kommt) gefördert werden. Die Gesamtperspektiven der Wissenschaft werden in diesem weitgefaßten empirischen Sinn womöglich vom denkenden Laien oft besser reflektiert als vom Spezialisten. Die Bezugnahme auf die Wissenschaft erstreckt sich auch auf die relative Gültigkeit, Glaubwürdigkeit und Verläßlichkeit der wissenschaftlichen Methode selbst als einem Weg zu Überzeugung und einer Annäherung an die Wahrheit, soweit das menschliche Gehirn sie überhaupt erkennen kann. Der Hauptgegensatz, um den es hier geht, ist der zwischen einer monistischen, am Diesseits ausgerichteten Auffassung und dualistischen, außerweltlich orientierten Vorstellungen von unserem Kosmos und unserer Realität.

Eine ganz andere Argumentation spricht den exakten Wissenschaften die Behandlung ethischer Fragen nicht etwa deshalb ab, weil man gesellschaftliche Werte den Geisteswissenschaften, der Kirche oder Marx überlassen sollte, sondern weil es vernünftiger ist, Werte sich selbst zu überlassen, damit sie sich spontan, gewissermaßen durch kollektive Intuition, als Reaktion auf neue Umweltbedingungen verändern können. Ein paar ökonomisch denkende Realisten behaupten, Werte veränderten sich allein auf diese Weise, und sie vermeiden jegliches moralisches Philosophieren oder dogmatisches Idealisieren, weil sie es für ineffizient halten. Diese Einstellung übersieht die starke Wechselwirkung zwischen geistigen Konzepten und Umweltbedingungen wie auch den enormen Einfluß, den Ideologie und Wertsysteme von jeher auf den Lauf unserer Geschichte ausgeübt haben. Zudem übersieht sie die Tatsache, daß gesellschaftliche Werte, die auf der Grundlage dieser situationsgebundenen Rückkopplung als Widerspiegelung herrschender Bedingungen entstanden sind, in einer demokratischen Gesellschaft aus bereits erwähnten Gründen leicht auf das Niveau reiner Erträglichkeit beschränkt bleiben, statt günstigste Idealbedingungen darzustellen.

Heute werden nicht nur die Wertsysteme der orthodoxen Religion für unzulänglich befunden, sondern auch jene, die auf humanistischen, existentialistischen und sogar auf allgemein humanitären Prinzipien fußen. Der Rückgriff auf Alternativen jüngeren Datums wie die Rette-sich-wer-kann-Einstellung oder die Kriegsethik der »Triage«, wie sie zur Zeit formuliert werden, vermag kaum glänzende Lösungen zu bieten. Die gegenwärtig auf unserer Erde herrschenden Zustände verlangen nach einer einheitlichen Betrachtungsweise, bei der Wertperspektiven auf etwas Höherem aufbauen als bloß der menschlichen Spezies oder ihrer gesellschaftlichen Dynamik: auf etwas Gottähnlicherem, das das Wohl der Biosphäre und des Ökosystems als Ganzem in evolutionsgeschichtlichen Zeiträumen im Auge hat. Je mehr der Einfluß des Menschen auf das Ökosystem zunimmt, desto dringender brauchen wir diese höheren Perspektiven. Und genauso zwingend sind sie da, wo wir versuchen, höhere Sinnhaftigkeit zu erfassen: Hier wird es zu einer logischen Notwendigkeit, daß die Menschheit in der Lage ist, sich selbst in sinnvoller Weise zu etwas anderem in Beziehung zu setzen, das von größerer Bedeutung ist als sie selbst.

Werthierarchie und Hauptdeterminanten

Die kritischeren Wertfragen, denen wir uns in naher Zukunft zu stellen haben, werden Entscheidungen bedingen, die letzten Endes Einschätzungen des relativen Werts menschlichen Lebens in verschiedenen Zusammenhängen notwendig machen. Wenn sich zum Beispiel die Bevölkerungssituation auf der Erde weiter verschärft, muß der Wert des menschlichen Lebens in zunehmendem Maße gegen den anderer Arten abgewogen werden. Nachdem der Mensch bereits den natürlichen Sinn und die Würde des Lebens für eine Reihe untergeordneter Spezies zerstört und unablässig weitere ausgerottet hat, wird er sich langsam fragen müssen, wie viele andere er noch aufgrund welcher Ethik ihrer Rechte berauben kann. So gibt es eine lange Liste von Beispielen, in denen wissenschaftlicher Fortschritt im Verein mit steigenden Bevölkerungszahlen und damit verbundenen Anforderungen immer mehr moralische Zwangslagen erzeugt hat, die sich letztlich um die Frage nach dem höchsten Wert des Lebens selbst drehen (15). Mögliche Antworten treten in Beziehung zu Alternativen, die eine Lösung im Rahmen einer weiter gefaßten, aber erst zu findenden Ethik verlangen. Was wir – natürlich idealiter – brauchen, um in diesen Bereichen Entscheidungen zu fällen, ist ein Konsens darüber, wie wir das Universum selbst, aber auch den Platz und die Rolle, die der Mensch und seine Lebenspraxis darin innehaben, letztendlich verstehen und interpretieren wollen.

Dieselbe Position erreicht man über die abstrakte Werttheorie, in der gezeigt wird, daß Werte im wesentlichen von Zielsetzungen abhängen und daß jede Vorstellung oder Überzeugung hinsichtlich Ziel und Wert des Lebens als Ganzem, ist sie erst einmal akzeptiert, die gesamte Hierarchie von Wertpräferenzen auf allen untergeordneten Ebenen logisch überbaut und beeinflußt (80). Die Rangordnung ideologischer Werte und die Beurteilung ethischer Fragen richten sich nach dem begrifflich erfaßten höchsten Ziel und Zweck des Lebens als Ganzem. Darin wird logischerweise wiederum eine entsprechende, in sich schlüssige Weltanschauung oder Modellvorstellung des Universums enthalten sein.

Auf dem einen oder anderen Weg gelangen wir also zu diesen Hauptdeterminanten unserer Wertpräferenzen, diesen expliziten oder impliziten Konzepten und Überzeugungen hinsichtlich Lebensziel und Weltbild, die das eigentliche Problem des moralischen Urteils ausmachen und die zentrale Herausforderung darstellen. Hier liegen die großen Unbekannten, und hier stößt man auch auf die wesentlichen Meinungsverschiedenheiten. Hier werden Lösungsvorschläge am dringendsten gebraucht, und alle Lösungen, ob richtig oder falsch, haben hier, wenn sie einmal akzeptiert sind, die größte Wirkung. Und hier muß schließlich auch die Naturwissenschaft ihre Kompetenz in Sachen Werte und jede neue Ethik ihre Daseinsberechtigung unter Beweis stellen. Der Naturwissenschaftler, der gelernt hat, mit exakten Schlußfolgerungen und einer Portion Skepsis zu arbeiten, Hypothesen anhand von detaillierten empirischen Befunden zu überprüfen und vor allem, falsche Schlüsse zu vermeiden, mag sich an diesem Punkt leicht davon überzeugen lassen, daß Wertprobleme in der Naturwissenschaft nichts zu suchen haben. Wir wollen uns aber daran erinnern, daß letzte, absolute oder perfekte Lösungen ja gar nicht verlangt werden, sondern nur bessere, und daß die Gesellschaft auch in Zukunft, genau wie bisher, irgendwo Lösungen irgendwelcher Art finden und daran festhalten wird. Die Frage lautet nicht, ob die Naturwissenschaft für letzte, vollständige oder perfekte Lösungen sorgen kann, sondern ob es irgendeine Alternative zu ihr gibt, die es in der langfristigen Perspektive kommender Generationen so gut kann wie sie.

Der Übergang zu einer Ethik, die auf den Wahrheiten der exakten Wissenschaften beruht, würde im wesentlichen die Ablösung der verschiedenen mythologischen, intuitiven, mystischen oder außerweltlichen Bezugssysteme, nach denen der Mensch wechselweise versucht hat, zu leben und Sinn zu finden, durch den natürlichen Kosmos der Wissenschaft zur Folge haben. Weltanschauliche Konzepte, die die Parameter für höhere Sinnhaftigkeit setzen, müßten von den Erkenntnissen der Wissenschaft her und in bezug auf die daraus folgenden wissenschaftlich analysierten und formulierten Implikationen für moralische Überzeugungen neu interpretiert werden. Zu einer ähnlichen Betrachtungsweise und Reihe von Neuformulierungen ist aus einer anderen Richtung Ralph Burhoe (11) gelangt, der diesen Versuch als »wissenschaftliche Theologie« bezeichnet. An dieser Stelle möchte ich noch einmal darauf hinweisen, daß wir von nichtreduktionistischer Wissenschaft im neuen, emergentistischen, *mentalistischen* oder holistischen Paradigma sprechen, wie es im nächsten Kapitel eingehend erläutert wird.

Das Ergebnis würde voraussichtlich die große Mehrheit unserer Werthaltungen im Alltag ebensowenig berühren wie viele der traditionellen moralisch-ethischen Lehren über individuelles und zwischenmenschliches Verhalten, die in der Vergangenheit von Glaubenssystemen vertreten wurden und sich im Lauf der Geschichte bewährt haben. Gleichzeitig wären aber erhebliche Veränderungen in solchen Bereichen zu erwarten, die unmittelbar von weltanschaulichen Perspektiven abhängen. Eine größere Achtung und Ehrfurcht vor der sich entfaltenden Natur, ihrem unendlichen Wunder und ihrer grenzenlosen Schönheit und vor dem, was man zuweilen die »unendliche Weisheit der Natur« nennt, lassen sich vielleicht zusammen mit einer verstärkten Sorge um das Gleichgewicht, die fortschreitende Differenzierung und die Qualität des Ökosystems insgesamt direkt herleiten. Besondere Betonung liegt auf dem Begriff »sich entfaltend«, da in der Natur die schlechten Dinge nicht weniger natürlich sind als die guten. Es sind die *Entwicklungstendenzen* des kreativen Prozesses hin zu einer verbesserten Qualität des Lebens, an denen man Unterschiede zwischen gut und böse ablesen kann.

Hier soll nun nicht der schwierige Versuch unternommen werden, die besonderen Arten sozialer Wertveränderungen eingehender zu analysieren und zu definieren, die die Übernahme einer innerweltlichen, auf die Gültigkeit und Weltsicht der Naturwissenschaft gestützten Ethik nach sich ziehen könnte. Ziel dieses Buchs ist es lediglich, zu einer Rechtfertigung beizutragen und den Weg ebnen zu helfen, indem ein erstes größeres Hindernis beiseite geschafft wird. Wenn erst einmal gezeigt werden kann, daß es intellektuell vertretbar ist, die Tatsachen und Ansichten über die weltliche Realität, wie sie in der Naturwissenschaft offenbar werden, zu nutzen und auf den Bereich des Werturteils auszudehnen, wird das Denken in diese Richtung an vielen Fronten einsetzen.

Vorausblickend sei in diesem Zusammenhang vielleicht noch einmal erwähnt, daß die Entscheidungsfindung auf gesellschaftlicher Ebene keine präzisen, logischen Antworten oder Richtlinien verlangt, sie oft gar nicht einbezieht oder erwartet, sondern sich auf vage Eindrücke, persönliche Vorlieben, emotionale Neigungen, allgemeine Haltungen und ähnliches stützt. Aus diesem Grund würde ein ungeheurer Einfluß auf diese Entscheidungsprozesse schon allein von einem Wandel der öffentlichen Meinung über das Verhältnis von Wissenschaft zu Werten und höherer Sinnhaftigkeit ausgehen. Vielleicht könnte dieser Wandel auch dazu beitragen, der Wissenschaftsfeindlichkeit und reduktionistischen Fehlschlüssen entgegenzuwirken oder der überholten Tradition zu begegnen, daß Wissenschaft und Werte sich nicht vermengen lassen – obwohl sie nur noch als vager Eindruck im Kopf der großen Wählermehrheit fortbesteht. Die über ein riesiges Netz sozialer Entscheidungen sich ausbreitende Wirkung auf Belange wie Bevölkerungspolitik, Erhaltung der natürlichen Umwelt und die damit verbundene ökologische Planung überhaupt könnte in Zukunft auf einen allumfassenden, potentiellen Gewinn hinauslaufen, der den vieler anderer wissenschaftlicher Hauptziele – wie zum Beispiel des Sieges über Krebs oder Schizophrenie – bei weitem übertreffen würde, vor allem aus der Sicht kommender Generationen.

Die Wechselwirkung zwischen Geist und Gehirn –
Mentalismus: Ja, Dualismus: Nein

Lassen sich die Dinge, die uns am meisten bedeuten, einschließlich der Psyche und der schöpferischen Kräfte des Menschen, am besten in dualistischen, außerweltlichen Begriffen erfassen? Historisch mit Deutungen des Bewußtseins verbunden, wurden die Argumente für dualistische Existenzformen von der materialistischen Wissenschaft jahrzehntelang erfolgreich bekämpft und zur Bedeutungslosigkeit degradiert. In den siebziger Jahren erlebten dualistische Konzepte jedoch ein bemerkenswertes Comeback, und heute werden sie von manchen Autoritäten als erfolgversprechende Antwort auf das Geist-Gehirn-Problem wieder lebhaft unterstützt. Die nachfolgende Kritik, die sich hauptsächlich an Fachleute wendet, stellt das logische Fundament der neuen dualistischen Position in Frage.

Die neue interaktionistische Philosophie

Wenn zwei herausragende Autoritäten in Naturwissenschaft und Philosophie vom Format und Einfluß eines Sir John Eccles und eines Sir Karl Popper sich zusammentun, um dualistische Auffassungen von der Realität des Übernatürlichen und der Existenz außerphysikalischer, nicht materialisierter Kräfte mit Nachdruck zu vertreten, und damit einige der fundamentalsten Regeln der Wissenschaft in Zweifel ziehen, ist man genötigt, dem mehr als nur flüchtige Beachtung zu schenken. Unabhängig davon, zu welchen Überzeugungen und Reaktionen man selbst neigt, werden die Art öffentlicher Botschaft, die direkt und indirekt in ihrem Buch *The Self and Its Brain: An Argument for Interactionism* (1977) (dt. *Das Ich und sein Gehirn* (1982)) und in Eccles neuerem Werk *The Human Mystery* (1979) (dt. *Das Rätsel Mensch* (1982)) zum Ausdruck kommt, und die potentielle Auswirkung dieser Publikationen auf die intellektuellen Perspektiven unserer Zeit zu einer Angelegenheit von einiger Bedeutung. Solche Überlegungen und die Tatsache, daß meine eigenen Ansichten und Schriften zur Bestätigung einiger ihrer Grundkonzepte zitiert und in eine Linie mit dem dualistischen Interaktionismus gestellt werden, haben mich dazu bewogen, gewisse Punkte zu klären, die sonst einen irreführenden Eindruck hinterließen.

Bevor ich mich daranmache, einzelne Aspekte näher zu beleuchten, möchte ich um des besseren Verständnisses willen noch allgemein erwähnen, daß Sir John Eccles und ich zwar ähnliche Anschauungen mit höchst kongenialen Perspektiven, Zielen und Werten haben, daß uns aber gewisse freundschaftliche Differenzen über Wesen und Ort des Bewußtseins und über die Aufrechterhaltung des Dualismus trennen. Ich bin immer für den Monismus eingetreten, und das tue ich auch heute noch. Sir John bezeichnet mich als Dualisten, worauf ich erwidere: Nur, wenn der Begriff so umdefiniert wird, daß er eine neue Bedeutung bekommt, die sich erheblich von dem unterscheidet, was er bisher in der Philosophie bezeichnet hat. Dualismus und Monismus haben lange Zeit ein Gegensatzpaar dargestellt, das einander widersprechende Antworten auf eine der entscheidenden und hartnäckigsten Menschheitsfragen bietet, auf die Frage nämlich, ob bewußtes Erleben losgelöst vom Gehirn existieren kann. Der Dualismus, dem zufolge es zwei voneinander unabhängige geistige und physikalische Welten gibt, antwortet mit »Ja« und öffnet einem bewußten Leben nach dem Tod und vielerlei Formen übernatürlicher, paranormaler und außerweltlicher Überzeugungen Tür und Tor. Der Monismus hingegen beschränkt seine Antworten auf die Dimensionen einer einzigen Welt und sagt »nein« zu einer vom funktionierenden Gehirn losgelösten Existenz des Bewußtseins.

In den letzten Jahren ist es zu einer echten Notwendigkeit geworden, die Definitionen bestimmter philosophischer Begriffe zu verändern und zu präzisieren, damit sie sich in unsere neuen Vorstellungen in der Neurobiologie einfügen. Im Fall von Monismus und Dualismus sehe ich allerdings keinen Gewinn darin, die klassischen Definitionen zu ändern. Wir brauchen unbedingt Begriffe, mit denen wir den entscheidenden Gegensatz hinsichtlich der potentiellen Trennbarkeit von Gehirn und bewußter Erfahrung sowohl zu Lebzeiten als auch danach kennzeichnen können. Dualismus und Monismus haben diesen

Zweck lange erfüllt und scheinen bestens geeignet, dies auch in Zukunft zu tun.

Gleichzeitig stimme ich völlig mit Eccles überein, wenn er sowohl den Materialismus (oder Physikalismus) als auch den Reduktionismus ablehnt – oder zumindest das, wofür diese Begriffe bis zur Mitte der Sechziger überwiegend gestanden haben. Seit 1965 bezeichne ich mich selbst als Mentalist, und seit Mitte der dreißiger Jahre lehne ich den Reduktionismus in seiner philosophischen »Nichts-anderes-als«-Bedeutung – die weiter unten noch erklärt wird – strikt ab. Im Fall der Dichotomie Mentalismus–Materialismus verlangen unsere modifizierten Geist-Gehirn-Konzepte allerdings eine Veränderung und Präzisierung der Definitionen. In unserer neuen Begrifflichkeit, die ich später noch umreißen werde, ist Mentalismus nicht mehr gleichbedeutend mit Dualismus und Physikalismus, ebensowenig mit Monismus. Nach unserer neuen Geist-Gehirn-Theorie muß Monismus subjektive geistige Eigenschaften als kausale Realitäten mit einbeziehen. Das ist bei Physikalismus oder Materialismus nicht der Fall; sie sind die impliziten Antithesen des Mentalismus und haben von jeher Bewußtseinsphänomene als kausale Realitäten ausgeschlossen. Indem ich mich selbst als Mentalist bezeichne, halte ich subjektive geistige Phänomene für primäre kausal wirksame Realitäten, da sie subjektiv anders und stärker als ihre physikochemischen Elemente und als nicht auf sie reduzierbar erlebt werden. Gleichzeitig definiere ich diese Position und die Geist-Gehirn-Theorie, auf der sie beruht, als monistisch und betrachte sie als Hauptabschreckungsmittel gegen den Dualismus. Um diese Unterscheidungen besser erklären zu können, erscheint es mir sinnvoll, die begrifflichen Entwicklungen in der Reihenfolge ihres Auftretens Schritt für Schritt zu rekonstruieren.

Der begriffliche Durchbruch

Meine materialistische Logik, auf die ich mich lange verlassen hatte, wurde zum erstenmal erschüttert, als ich im Frühjahr 1964 einen nicht fachspezifischen Vortrag über die Evolution des Gehirns vorbereitete, in dem ich das Konzept der emergenten Kontrolle höherer über niedrigere Schichten innerhalb festgefügter Hierarchien auf die Beziehung zwischen Geist und Gehirn ausdehnte. Ich ertappte mich dabei, wie ich mit der damals ungeschickten Bemerkung schloß, geistige Kräfte müßten logischerweise eine kausale Kontrolle nach unten über elektrophysiologische Vorgänge im Gehirn ausüben. Innerhalb der Gehirndynamik seien geistige Kräfte vermutlich nicht weniger wirksam oder sogar noch wirksamer als diejenigen, die auf den Ebenen der Zelle, des Moleküls und des Atoms operieren (71). Und als ich dann im September desselben Jahres für die von John Eccles organisierte Tagung der Päpstlichen Akademie der Wissenschaften über Gehirn und Bewußtsein meinen Beitrag ausarbeitete, ging mir auf, daß die funktionsorientierte Deutung des Bewußtseins, die ich in den frühen fünfziger Jahren entworfen hatte (67) und immer noch vertrete, logischerweise auch einen funktionellen (und damit *kausalen*) Einfluß der bewußten Erfahrung auf die Gehirntätigkeit implizieren mußte. Es war ganz klar, daß diese miteinander verbundenen Konzepte, sollten sie beibehalten werden, einen neuen Zugang zu der alten Frage eröffnen würden, ob das Bewußtsein womöglich einen funktionellen Nutzen hat und eine kausale Kontrollfunktion innerhalb der Gehirnaktivität ausübt. Die Art psychophysikalischer Beziehung, die ich dabei im Auge hatte, zeigte, wie der Geist die Materie im Gehirn beeinflussen könnte, und machte die Wechselwirkung zwischen so unterschiedlichen Dingen wie psychischen Zuständen und physikalischen Vorgängen schließlich doch noch in wissenschaftlich gültigen Begriffen logisch einsichtig.

Mitte der sechziger Jahre waren solche interaktionistischen Konzepte in der Neurobiologie noch reine Häresie, und auf der Tagung im Vatikan wagte ich nicht mehr als einen vorsichtigen Hinweis auf »eine Ansicht, der zufolge das Bewußtsein einen gewissen operationalen und kausalen Zweck erfüllen könnte«. Darauf reagierte Eccles mit der Frage: »Warum müssen wir überhaupt bewußt sein? Wir können im Prinzip unsere gesamte Input-Output-Leistung von der Aktivität neuronaler Schaltungen her erklären; folglich scheint das Bewußtsein doch völlig überflüssig zu sein!« (19) Das war eben genau das, was wir alle gelernt hatten und wovon wir jahrzehntelang überzeugt gewesen waren, und zwar nicht nur in der Naturwissenschaft, sondern zu einem Großteil auch in der Philosophie. Der Gedanke, daß der objektive physikalische Gehirnprozeß auch ohne Zuhilfenahme bewußtseinsmäßiger oder geistiger Kräfte in sich selbst kausal vollständig ist, bildet die Grundprämisse des Behaviorismus wie auch des wissenschaftlichen Materialismus überhaupt und diente lange als wichtigste Voraussetzung für die Ablehnung subjektiver Erfahrung als erklärendes wissenschaftliches Konstrukt. Eccles, der von seinem Glauben, seiner Ausbildung und seinen Veröffentlichungen (18) her schon damals Dualist war, setzte allerdings noch hinzu: »Ich glaube diese Geschichte natürlich nicht, weiß aber ebensowenig die logische Antwort darauf.« Dennoch wiederholte er auf einer späteren Konferenz mit Nachdruck seine wohlerwogene Überzeugung im ersten Punkt: »Ich möchte behaupten, daß wir als Neurophysiologen in unseren Versuchen, die Funktionsweise des Nervensystems zu erklären, für das Bewußtsein einfach keine Verwendung haben« (Eccles 1966).

Ich ließ mich zwar auf eine kurze Diskussion darüber ein, war aber in meiner neu entdeckten Antwort noch nicht versiert genug, um sie zu diesem Zeitpunkt mit aller Entschlossenheit zu vertreten. Während ich mich jedoch in den darauffolgenden Monaten mit der einheitstiftenden Rolle des Austauschs von Nervenimpulsen über das Corpus callosum beschäftigte, tauchten diese Gedanken immer wieder auf, und je mehr ich über sie nachdachte, desto besser erschienen sie mir. Ein Probelauf, den ich im April des folgenden Jahres hier vor der Abteilung für Biologie am California Institute of Technology startete, ließ mich zu der Überzeugung kommen, daß die reduktionistische Neurobiologie und Biologie für derlei Überlegungen noch nicht aufnahmefähig war. Trotzdem beschloß ich, auf jeden Fall weiterzumachen und einen Monat später in einer geisteswissenschaftlichen Vorlesung an der University of Chicago, die in dem von J. Platt herausgegebenen Band *New Views of the Nature of Man* (Neue Ansichten über die Natur des Menschen) erscheinen sollte, meine Gedanken der Öffentlichkeit vorzustellen. Dazu flocht ich die neuen Geist-Gehirn-Konzepte in eine Abhandlung ein, in der es um Streitfragen zwischen Holismus und Reduktionismus, um ermergente Kontrolle nach unten und »Nichts-anderes-als«-Fehlschlüsse ging, und erteilte der damals vorherrschenden »mechanistischen, materialistischen, behavioristischen, fatalistischen Auffassung vom Wesen des Geistes und der Psyche« eine deutliche Abfuhr. Bei dieser Gelegenheit sagte ich mich dann öffentlich vom behavioristischen Materialismus los und bekannte mich zum antimechanistischen, nichtreduktionistischen Mentalismus (wobei ich diesen Begriff so verstehe, wie er in der Psychologie verwandt wird, nämlich als Gegensatz zum Behaviorismus, und nicht etwa im extremen philosophischen Sinn, der eine materielle Wirklichkeit überhaupt leugnen würde). Gleichzeitig beschrieb ich diese neue Position als einen einheitstiftenden Entwurf, der »die alten dualistischen Verwirrungen« zugunsten »eines einzigen, am Diesseits orientierten Maßstabs für die Bewertung von Mensch und Existenz beseitigen würde«.

Der Geist bewegt die Materie im Gehirn

Die Hauptthese des Aufsatzes war, ebenso wie im Buch von Popper und Eccles, die psychophysische Wechselwirkung mit ihrer logischen Grundlage und ihren wissenschaftlichen, philosophischen und ethisch-moralischen Implikationen. Im wesentlichen spiegelte sie die Auffassung wider, daß subjektive Erfahrung als ein operationales Derivat und eine emergente Eigenschaft der Gehirntätigkeit eine herausragende Kausalfunktion bei der Steuerung der Gehirnvorgänge ausübt. Sie unterschied sich von älteren Emergenztheorien des Bewußtseins, angefangen bei C. Lloyd Morgan (47), dadurch, daß frühere Ansichten von der Emergenz des Geistes in Begriffsgebäude wie den Parallelismus, die Zweiseitentheorie oder den Epiphänomenalismus eingebunden waren und jeden direkten kausalen Einfluß geistiger Qualitäten auf neurale Vorgänge abgelehnt hatten (39). Die These war im Kern darauf ausgerichtet, die traditionell-mechanistische, von Eccles geäußerte Vermutung zu widerlegen, die Gehirntätigkeit könne im Prinzip ohne die Einbeziehung bewußter Phänomene vollständig erklärt werden. Meine Theorie, die sich in neuronalen Verschaltungen und Konzepten der Neurobiologie präsentierte, schien der klassischen, physikalischen Determiniertheit des Zentralnervensystems zum erstenmal auf eigenem Feld entgegenzutreten und sie zu widerlegen. Subjektive geistige Phänomene mußten mit einbezogen werden. Die wechselseitige Beeinflussung von Geist und Gehirn war zu einem wissenschaftlich haltbaren und sogar plausiblen Konzept erhoben worden, ohne daß der qualitative Reichtum geistiger Eigenschaften reduziert worden wäre. Insgesamt sollte der Aufsatz, wie ja auch das Buch von Popper und Eccles, zeigen, daß die Anerkennung des kausalen Primats des Bewußtseins die ethisch-moralischen Implikationen der Wissenschaft von Grund auf ändern würde, die von der damals stark dominierenden Philosophie des reduktionistischen, mechanistischen Materialismus herabgewürdigt wurden.

Zugleich behauptete man, das von mir vorgeschlagene Geist-Gehirn-Modell untergrabe auch den Dualismus, indem es nämlich bewußte Erfahrung mit Begriffen erkläre, die den menschlichen Geist untrennbar mit dem aktiven Gehirn verbinden und in dieses einfügen würden. Das Modell lieferte eine logische Erklärung für die Evolution des Geistes aus der Materie ebenso wie für seine Emergenz aus der Materie im Verlauf der individuellen Gehirnentwicklung. Ich stellte es als ein »begriffliches Fundament für die Errichtung eines philosophischen Gebäudes« vor und beschrieb es als ein System, das »den Geist wieder ins Gehirn der objektiven Wissenschaft zurückversetzen und ihn mit höchster Kontrollgewalt ausstatten würde«.

Als die Neudrucke eintrafen, schickte ich Eccles, der zuvor – wenn überhaupt – nur wenig aktives Interesse an dem Streit um Reduktionismus versus Holismus gezeigt hatte (19), ein Exemplar meiner neuen »Antwort« auf die Geist-Gehirn-Frage. Hocherfreut stellte ich bei seinem nächsten Vortrag vor der Internationalen Organisation für Hirnforschung (20) fest, daß er sich offensichtlich zum leidenschaftlichen Anti-Reduktionisten gewandelt hatte, der die »materialistischen, mechanistischen, behavioristischen und kybernetischen Konzepte vom Menschen« verurteilte. Während Eccles früher der Meinung war, das Bewußtsein habe in einer vollständigen Erklärung der Gehirnfunktion nichts zu suchen, setzt er sich seitdem für die neue Logik einer kausalen Einwirkung des Geistes auf die neurale Aktivität ein. Ich glaube, daß wir in diesen Punkten einen dauerhaften Konsens erreicht haben.

Völlig unterschiedlicher Meinung sind wir dagegen in der Frage, wie dieser kausale Einfluß aussieht und ob die neuen Geist-Gehirn-Konzepte für den Dualismus sprechen oder nicht. Andere Differenzen, die den Zusammenhang zwischen Bewußtsein einerseits und rechter Hemisphäre, Sprache, Tieren und Selbstbewußtsein andererseits betreffen, sind zwar auch nicht unwichtig, in diesem Kontext aber nur von zweitrangiger Bedeutung und sollen deshalb hier nicht weiter verfolgt werden. Bei diesen Meinungsunterschieden, die im Rahmen der Geist-Gehirn-Problematik und des dualistischen Interaktionismus nach wie vor bestehen, haben wir es, wie Eccles sehr richtig betonte, mit mehr als nur fachspezifischen oder akademischen Interpretationen zu tun. Hier geht es um ganz zentrale Konzepte mit einem direkten Bezug zu grundlegenden Überzeugungen, die das innere Wesen des Menschen, die physische Realität, den Sinn des Daseins und daran angrenzende Fragenkomplexe von allergrößter Wichtigkeit umfassen. Da die Perspektiven in diesem Bereich die menschlichen Wertsysteme, die gesellschaftlichen Entscheidungsprozesse und mithin das Schicksal der Menschheit zutiefst prägen, stimmen wir darin überein, daß diese Fragen Vorrang vor allen anderen Überlegungen haben müssen.

Im Rückblick erscheint es heute ganz klar, daß ich einfach nicht vorausgesehen habe, inwieweit die neue Lösung des Geist-Gehirn-Problems als Argument für den Dualismus benutzt werden könnte. Obwohl Dualismus und Mentalismus lange Zeit gedanklich in Verbindung gebracht und sogar gleichgesetzt worden waren und obwohl ein paar Kollegen mich gewarnt hatten, daß man mich demnach des Dualismus bezichtigen könnte, nahm ich doch an, die neuen Unterscheidungen zwischen Mentalismus und Dualismus seien hinreichend geklärt worden (77). In den sechziger Jahren stellten dualistische Ansichten keine Gefahr für die Wissenschaft dar, und es erschien damals wichtiger, die stärker verbreiteten Irrtümer des Materialismus, Mechanismus, Behaviorismus und Reduktionismus zu bekämpfen, als mit vereinter Überzeugungskraft gegen den Dualismus anzugehen. Auch hier werden die genauen Einzelheiten besser und leichter zu erklären sein, wenn wir uns weiterhin an die chronologische Entwicklung halten.

Zunehmende wissenschaftliche Anerkennung

Nachdem ich über drei Jahre lang vor allem von geisteswissenschaftlich orientierten Gruppen überwiegend positives Feedback bekommen hatte, unterzog ich meine Theorie einem direkteren Test innerhalb der Wissenschaftsgemeinde, indem ich sie auf einer Neurologentagung (78) und dann vor der Nationalen Akademie der Wissenschaften (75) vorstellte. In der *Psychological Review* (76) erschien ein von meinen Vorträgen ausgehender Artikel, der das Thema weiterverfolgte und mehrfach nachgedruckt wurde. Aus all dem entwickelte sich innerhalb der Wissenschaftszweige, die hier über das größte Wissen verfügen und deshalb am ehesten kritikfähig sind, auf breiter Basis eine Diskussion mitsamt einer Kritik (5) und meiner Antwort darauf (77). In diesen Grauzonen der bloßen Mutmaßung, wo die Konzepte sich noch nicht im Experiment unmittelbar bewährt haben, besteht der nächstbeste Test darin, sie auf dem Marktplatz auszustellen, damit Hunderte von klugen Köpfen aller möglichen Couleur über sie herfallen. In dieser Hinsicht waren die Jahre 1969 bis 1971 die kritische Zeit für meine Theorie. Soweit ich weiß, ist bis jetzt weder ein logischer Fehler noch eine gleichlautende Aussage früheren Datums bekanntgeworden.

In den frühen siebziger Jahren begann das veränderte Konzept vom Bewußtsein als kausal wirkender Kraft beachtlich an wissenschaftlicher Anerkennung zu gewinnen, insbesondere in der Psychologie, wo Mentalismus und Anti-Behaviorismus einen raschen Wiederaufschwung erlebten, der noch lange nicht abgeschlossen ist (35). In der Hauptsache brachte die neue Interpretation einen logischen Wandel im wissenschaftlichen Status des subjektiven Erlebens mit sich, bei dem behavioristische Prinzipien durch ein mentalistisches oder kognitivistisches Paradigma ersetzt wurden. Die Psychologen konnten jetzt die Logik und die Prinzipien des Behaviorismus widerlegen und sich unmittelbar auf den kausalen Einfluß geistiger Bilder, Ideen, Gefühle und anderer subjektiver Erscheinungen als erklärende Konstrukte berufen. Diese Entwicklung setzte so plötzlich ein, daß sie in den kognitiven Disziplinen eine Art Explosion auslöste (59). Wie bereits erwähnt, nannte man sie dann auch die »kognitive Revolution« (14) und wahlweise die »humanistische«, »dritte« oder »Bewußtseinsrevolution« (45), die auch in die Philosophie, die Anthropologie (28) und die Neurobiologie (9, 33, 43) hineinreichte.

Die während dieser Zeit von Eccles immer energischer geführte Kampagne für den interaktionistischen Dualismus folgte in Form einer Kurve, die zur oben beschriebenen genau parallel verläuft. Und eine ähnlich ansteigende Kurve ergibt sich auch für den Glauben an seelische, paranormale und damit verbundene geistige Erscheinungen, der in der Öffentlichkeit im Verein mit Mystizismus, Okkultismus und anderen dualistischen Überzeugungen von der Realität des Übernatürlichen und außerweltlicher Daseinsformen an Bedeutung gewann. Einige dieser Anschauungen haben ihre logische Grundlage in den neuen Geist-Gehirn-Konzepten; andere schaffen sich hier durch bloße Assoziation eine Scheinbasis. Es spricht vieles für die Annahme, daß die Erfolge, die diese Entwicklungen im Zusammenhang mit dem Mentalismus damals zu verzeichnen hatten, nicht unwesentlich – direkt wie indirekt – dadurch gefördert wurden, daß man in der Neurobiologie eine plausible logische Antwort gefunden hatte, mit der man den Grundprämissen und -prinzipien des tradtionellen materialistischen Paradigmas entgegentreten konnte. Ohne eine überzeugende Alternative zur physikalistischen Logik wären wir heute immer noch ungefähr da, wo wir Mitte der sechziger Jahre waren, als sich materialistisch-behavioristisches Denken gegen all die intuitiven, natürlichen und allgegenwärtigen subjektivistischen Forderungen und Argumente erfolgreich behaupten konnte und die Kognitionspsychologie im Prinzip noch eine Wissenschaft von Para- und Epiphänomenen war. Um es genauer zu formulieren, die zunehmende Sicherheit, mit der Eccles in den letzten Jahren ganz offen dualistische Positionen vertreten konnte, die bei der Tagung 1964 noch nicht erkennbar gewesen waren, legt die Vermutung nahe, daß er in der Zwischenzeit eine neue »logische Antwort« entwickelt hat, die man früher nicht gesehen hatte.

Wie viele neue Lösungen für das Geist-Gehirn-Problem gibt es?

Zunächst gilt es herauszufinden, ob die Kombination von Konzepten, mit deren Hilfe Eccles derzeit den Dualismus propagiert (Karl Poppers Argumente sollen gesondert diskutiert werden), sich wesentlich von der unterscheidet, die ich als anti-dualistische, monistische Lösung vorgeschlagen habe. Sind wir unabhängig voneinander zu verschiedenen Erklärungen für die Interaktion zwischen Geist und Gehirn gekommen, oder geht es nur um verschiedene Interpretationen ein und derselben Lösung? Soweit ich es beurteilen kann, unterscheiden sich die eigentlichen Konzepte, auf denen die psychophysische Wechselwirkung bei Eccles aufbaut, in keinem wesentlichen Punkt von denen, die ich als mentalistischen Monismus vorgestellt habe. Geht man die von Eccles vorgebrachten Behauptungen und experimentellen Ergebnisse (57) durch, stößt man auf eine ganz ähnliche Argumentation, wie ich sie zur Begründung meines eigenen Bewußtseinskonzepts benutzt habe (67–78). Zwar sind Ausdrucksweise und Gewichtung nicht ganz dieselben, und die neuralen Prinzipien werden jeweils an anderen Beispielen erklärt, aber Eccles' Modell für die Interaktion zwischen Gehirn und Geist scheint völlig mit meinem übereinzustimmen und bietet sicher keine erkennbare Alternative.

Eccles hebt in Kursivschrift hervor, »eine Schlüsselkomponente der Hypothese ist, daß die Einheit der bewußten Erfahrung durch den Geist vermittelt wird und nicht durch die neurale Maschinerie« (57, S. 436), und diesen Punkt betont er auch im Dialog VIII, S. 604, und noch einmal in seinen Gifford-Vorlesungen (23). Genau dasselbe Argument hatte ich 1952 vorgebracht: »Im hier vorgeschlagenen Entwurf wird behauptet, daß die Einheit der subjektiven Erfahrung nicht von irgendeiner Art paralleler Einheit in den Gehirnvorgängen herrührt. Die Einheit des Bewußtseins wird vielmehr als ein funktionelles oder operationales Derivat begriffen«, und: »In den physiologischen Vorgängen selbst braucht nur wenig oder gar keine Einheitlichkeit zu bestehen.« In seinen früheren Überlegungen hatte Eccles ein ganz anderes Konzept vorgezogen, in dem von außerphysikalischen, »geisterhaften Einflüssen« die Rede war, die auf den Ablauf der synaptischen Vorgänge einwirken (18). Ich habe seitdem wiederholt auf die obige Erklärung der psychischen Einheit in bezug auf die Rolle der Kommissurenfasern und das »Körnigkeitsproblem« verwiesen und dabei betont, daß die subjektive Einheit nicht der Gruppierung von Einzelheiten im Erregungsablauf bis hin zur gesamten Systemstruktur der Gehirnaktivität entspricht, sondern eher den holistischen geistigen Eigenschaften (72–86).

In einem besinnlichen Rückblick gegen Ende ihres Bandes macht Eccles die Bemerkung: »Als wir unsere Hypothese entwickelten, kehrten wir zu den Anschauungen vergangener Philosophen zurück, daß die geistigen Phänomene sich nun wieder über die materiellen Phänomene erheben.« (57, S. 649) In ähnlicher Weise habe ich selbst von Anfang an meine Hypothese als ein Denkmodell beschrieben, daß »den Geist wieder über die Materie stellt« (73) und »dem Geist seine alte Vorzugsstellung über die Materie zurückgeben würde« (78). Daß unsere Schlüsselkonzepte hierfür wie auch für die Interaktion von Geist und Gehirn überhaupt im wesentlichen identisch sind, läßt sich ferner daran ablesen, daß Eccles die konzentrierte Zusammenfassung seiner Hypothese mit der Aussage beendet: »Sperry [1969] hat einen ähnlichen Vorschlag gemacht« (57, S. 449), und in einer anderen »sehr kurzen Zusammenfassung oder einem Umriß der Theorie« (57, S. 585) zu dem Schluß kommt: »So wird in Übereinstimmung mit Sperry behauptet, daß der sich seiner selbst bewußte Geist bei den neuralen Vorgängen eine übergeordnete interpretierende und kontrollierende Funktion ausübt.« (57, S. 585)

Erkenntnisse von Karl Popper

Wenn wir uns nun der Lösung des Geist-Gehirn-Problems zuwenden, wie Sir Karl Popper sie vertritt, stellen wir fest, daß sie sich grundsätzlich auch nicht von meiner unterscheidet, nur ist die Geschichte ihrer Entstehung eine völlig andere. Vor 1965 beruhte Poppers dualistische Position hauptsächlich auf dem Argument, eine kausale, physikalische Theorie der deskriptiven und argumentativen Funktionen von Sprache sei nicht denkbar. Die Produkte des menschlichen Denkens wie Mythen, Abstraktionen und mathematische Formeln könnten nicht durch die Gesetze der Physiologie oder der Physik erklärt werden (54). Während der Jahre, in denen dieses Argument propagiert wurde, hatte es für sich genommen nicht genug Einfluß, um physikalistischen Einwänden entgegenzutreten, nach denen die Produkte unseres Bewußtseins neurale Gegenstücke haben und, wie andere geistige Dinge, besser in parallelistischen Begriffen interpretiert werden sollten, nämlich als Epiphänomene, innere Aspekte oder als mit ihren neurologischen Korrelaten identisch. Bei Oppenheimer und Putnam (48) liest sich das so:

> »Es genügt nicht, beispielsweise einfach zu behaupten, daß gewisse Phänomene, die als spezifisch menschlich gelten, wie etwa der Gebrauch von Sprache in einer abstrakten und verallgemeinernden Weise, niemals auf der Basis neurophysiologischer Theorien erklärt werden können, oder die Behauptung aufzustellen, diese Fähigkeit, begrifflich zu denken, unterscheide den Menschen prinzipiell und nicht nur graduell von nicht menschlichen Tieren.«

1965 schlug Popper eine neue Lösung für die Beziehung zwischen Geist und Gehirn vor, die genau das traf, wonach er in seinen früheren Ansätzen gesucht hatte und was seither zu einem Hauptgegenstand seiner Philosophie geworden ist (56). In einem Vortrag, bei dem es in erster Linie um eine Diskussion des physikalischen Indeterminismus ging, sprach Popper nicht über die Logik der Erkenntnis, mit der er sich bis dahin lange befaßt hatte, sondern schloß als zweites Thema (55) ein paar neue Gedanken über die Evolution an, die er auf das Leib-Seele-Problem ausdehnte. Was er dabei formulierte, scheint grundsätzlich der Auffassung von Evolution und der Beziehung zwischen Gehirn und Geist zu entsprechen, die ich selbst ein Jahr zuvor in einer James-Arthur-Vorlesung entwickelt hatte. Im wesentlichen wird hier die Vorstellung von neu auftretenden hierarchisch strukturierten Steuerungsmechanismen auf die Beziehung zwischen Geist und Gehirn übertragen. Diese 1965 in seiner Philosophie vollzogene Kehrtwende von einer Position, in der er die Evolutionstheorie für tautologisch und ohne großen Erklärungswert hielt, zu einer neuen Haltung, in der sie fast alles erklärt, stellte Popper mit »vielen Entschuldigungen« (55, S. 276) als eine Entwicklung dar, für die er »Abbitte tun« (55, S. 268) müßte. In Anlehnung an das Hauptthema seines Vortrags wies er besonders auf eine plastische Indeterminiertheit der emergenten Kontrollen hin, wobei jedoch die Frage, wie streng oder locker die Kontrollen sind, nicht der entscheidende Aspekt des Arguments ist.

Da diese Konzepte in bezug auf hierarchische Organisation und Kontrolle nach unten sowohl für das Buch von Popper und Eccles als auch für dieses Kapitel von entscheidender Bedeutung sind, formuliere ich sie noch einmal im genauen Wortlaut:

»Die Evolution gestaltet das Universum immer komplizierter, indem sie neue Phänomene mit neuen Eigenschaften und neuen Kräften einführt, die durch neue wissenschaftliche Prinzipien und Gesetze reguliert werden – die zu entdecken und zu formulieren Aufgabe künftiger Wissenschaftsgenerationen in ihren jeweiligen Disziplinen sein wird. Bedenken Sie auch, daß die alten, einfachen Gesetze und urzeitlichen Kräfte des Wasserstoffzeitalters im Entstehungsprozeß der neuen Zusammensetzungen nie verlorengehen oder aufgehoben werden. Allerdings werden sie von den Kräften auf höherer Stufe abgelöst, überlagert und übertroffen, wenn diese nach und nach auf den Ebenen des Atoms, des Moleküls, der Zelle und auf höheren Organisationsstufen erscheinen ...

... erinnern Sie sich, daß ein Molekül in vieler Hinsicht Herr über seine Atome und Elektronen ist. Diese werden durch die globalen Gestalteigenschaften des ganzen Moleküls in chemischen Reaktionen herumgezerrt und -geschoben. Ist unser Molekül nun selbst Teil eines einzelligen Organismus wie etwa des Pantoffeltierchens *(Paramecium)*, muß es seinerseits mit all seinen Teilen und Partnermolekülen eine raumzeitliche Ereignisfolge durchlaufen, die weitgehend durch die äußere Gesamtdynamik des *Paramecium caudatum* festgelegt ist. Im Fall des Gehirns müssen Sie sich vergegenwärtigen, daß die einfacheren elektrischen, atomaren, molekularen und zellulären Kräfte und Gesetze zwar immer noch vorhanden und wirksam, durch die Gestaltskräfte von Mechanismen auf höherer Stufe jedoch überbaut worden sind. Im menschlichen Gehirn stehen an der Spitze der Hierarchie Fähigkeiten wie das Wahrnehmen, Erkennen, Denken, Urteilen und ähnliches, deren kausale Wirkungen und Kräfte, verglichen mit denen der überflügelten, inneren chemischen Komponenten, einen ebenso großen oder noch größeren Einfluß auf die Gehirndynamik ausüben«(71).

Sie werden feststellen, daß diese Aussage die Schlüsselbegriffe enthält, auf denen das von Popper und Eccles vorgetragene Plädoyer für eine Wechselwirkung zwischen Geist und Gehirn hauptsächlich aufbaut, nämlich die nach unten gerichtete kausale Kontrollgewalt höherer (emergenter) über niedrigere (neurale) Entitäten sowie die Tatsache, daß die geistigen und neuralen Vorgänge Erscheinungen unterschiedlicher Natur sind, die durch Gesetze und Kräfte unterschiedlicher Art reguliert werden.

Folglich waren Popper und ich aus ganz verschiedenen Richtungen kommend um 1965 bei der gleichen Lösung für Eccles' Problem angelangt. Popper präsentierte seine Fassung als einen Denkansatz für »eine neue Sicht der Evolution« und »ein anderes Weltbild«, während ich meine als »eine wissenschaftliche Theorie des menschlichen Geistes« und »eine lange gesuchte, einheitstiftende Sicht des Menschen und der Natur« vorstellte. Beide sahen wir in unserer Auffassung eine neue Lösung des Leib-Seele-Problems. Bedenkt man, daß diese Wende in Poppers Denken sich in seinen zahlreichen philosophischen Veröffentlichungen über vierzig Jahre hinweg nicht angedeutet hatte, ist die zeitliche Übereinstimmung dieser konvergierenden Entwicklungen schon bemerkenswert.

Poppers neue Lösung wurde, abgesehen von auf Wunsch zur Verfügung gestellten Sonderdrucken, der Allgemeinheit offenbar erst zugänglich gemacht, als sein 1965 gehaltener Vortrag 1972 neben anderen philosophischen Essays in dem Band *Objective Knowledge. An Evolutionary Approach* (1979⁵) (dt. *Objektive Erkenntnis: Ein evolutionärer Entwurf* (1973, 1982³)) erschien. Selbst Poppers eigenes Denken wurde, wie es scheint, während dieser Zwischenphase erstaunlich wenig von ihr beeinflußt. In seinem langen Artikel »On the Theory of the Objective Mind« (dt. »Über die Theorie des objektiven Geistes«), den er auf der Grundlage zweier Aufsätze von 1968 und 1970 für die erste Ausgabe der *Objective Knowledge* verfaßte, führt er seine Terminologie der »drei Welten« ein. Dabei geht es um ein Thema, das im Unterschied zu dem Vortrag von 1965 geradezu danach schreit, das neue Geist-Gehirn-Modell und das andere Weltbild nutzbringend anzuwenden – und dennoch fällt kein Wort darüber. Nicht einmal in seinem Unterabschnitt über die Kausalbeziehungen zwischen den drei Welten weist er auf seine neue Lösung für die Steuerung des Gehirns durch den Geist hin; statt dessen erklärt er in einer Fußnote zu dem Wort *interact* (in der deutschen Ausgabe »aufeinander wirken«, A. d. Ü.), er gebrauche es »in einem weiten Sinne, der einen psychophysischen Parallelismus nicht ausschließt« (55, S. 174).

Indeterminismus versus Selbstbestimmung

Ein anderer Hauptgegenstand der Popperschen Philosophie, der Indeterminismus, wird auf die Geist-Gehirn-Relation angewandt. Und in diesem Punkt gehen unsere Meinungen völlig auseinander. Ich befürworte eine emergente, mentalistische Form von Determinismus, wie sie sich unmittelbar und als logische Folge aus meinem Konzept des kausal wirksamen Geistes ergibt (71, 81). Im Gegensatz zu Popper behaupte ich, daß immer wenn die Elemente schöpferischer Gestaltung, seien es Atome oder Konzepte, in derselben Weise und unter denselben Bedingungen zusammengebracht werden, dieselben neuen Eigenschaften auftreten und der emergente Prozeß infolgedessen kausal und deterministisch ist. Bis zu diesem Grad und in diesem Sinne kann man vielleicht sogar sagen, daß er prinzipiell voraussagbar ist, auch wenn das, von wenigen Ausnahmen abgesehen, in der Praxis nicht der Fall ist. Statt den menschlichen Geist als »Ur-Ursache« oder »ersten Beweger« anzusehen, wie Popper es tut (54, 57), betrachte ich das Gehirn als einen gewaltigen Erzeuger emergenter, neuartiger Erscheinungen, die dann die Oberkontrolle über die Aktivitäten auf den niedrigeren Stufen ausüben. Die höherrangigen funktionellen Entitäten der inneren Erfahrung haben ihre eigene Dynamik innerhalb der Gehirntätigkeit und wirken auch, entgegen der Interpretation, die Popper von meiner Ansicht gibt (57), »auf ihrer eigenen Stufe als Ganzheiten kausal aufeinander ein« (75). Aber der kreative Prozeß ist nicht unbestimmt oder indeterminiert. Nirgendwo wird das Kausalprinzip verletzt oder gebrochen (außer vielleicht im Unbestimmtheitsprinzip auf Quantenebene, das aber hier nicht von Bedeutung ist). Alles ist Teil einer zusammenhängenden, hierarchisch strukturierten Vielfalt, eines Eine-Welt-Kontinuums.

Vor diesem Hintergrund ist die Entscheidungsfindung beim Menschen nicht unbestimmt, sondern selbstbestimmt. Normalerweise möchte jeder sein Handeln selbst steuern und seine Entscheidungen gemäß seinen eignen Wünschen treffen. Das ist genau die Art von Steuerung, die unser Geist-Gehirn-Modell vorsieht. Damit ist jedoch nicht Freiheit von kausaler Determination gemeint. Nach dieser Auffassung kann ein Mensch von vielem, was um ihn herum vorgeht, relativ frei sein, nicht aber von seinem eigenen Selbst. Es geht also hier um das genaue Gegenteil der von Skinner und anderen festgestellten behavioristisch geprägten Behauptung, daß »Ideen, Motive und Gefühle nichts mit der Determinierung des Verhaltens und folglich auch nichts mit dessen Erklärung zu tun haben« (6, 63). Allerdings scheint sogar Skinner sich in den letzten Jahren von seinem früheren Standpunkt auf eine Position (64) zurückgezogen zu haben, die nicht mehr typisch ist. In diesem riesigen Komplex äußerer und innerer Determinanten, die das Verhalten steuern, kann man entweder den Umweltfaktoren oder denen des bewußten Selbst mehr Gewicht beimessen. Meiner Meinung nach sind die zuletzt genannten besonders dazu angetan, den Menschen auszuzeichnen, während die anderen eher für Tiere typisch sind, und dies um so mehr, je weiter man die phylogenetische Leiter hinuntersteigt. Die selbstbestimmenden Faktoren beim Menschen umfassen die gespeicherten Erinnerungen eines ganzen Lebens, angeborene wie erworbene Wertsysteme und all die verschiedenen geistigen Fähigkeiten wie Kognition, Denken, Intuition und so weiter.

Jedenfalls ist deutlich geworden, daß Poppers philosophische Argumente für die Interaktion zwischen Geist und Gehirn dadurch erheblich gestärkt worden sind, daß wir die ältere, bis 1964 noch gültige Logik der Neurobiologie mit ihren eigenen Waffen geschlagen haben. Auf der anderen Seite sind meine Konzepte von Bewußtseinsphänomenen als Kausaldeterminanten in der Gehirntätigkeit vor allem in der höheren Linguistik und Erkenntnislehre durch die Einsichten Karl Poppers erweitert und bereichert worden. An dieser Stelle möchte ich auch unumwunden zugeben, daß ich, als ich Poppers Werk bei dieser Gelegenheit zum erstenmal las, immer wieder davon beeindruckt war, wie sehr wir uns meines Erachtens, besonders in bezug auf seine allgemeinen Aussagen zur Erkenntnislehre, in enger, lebhafter Übereinstimmung befinden. Die hier skizzierte Diskussion und meine Bedenken hinsichtlich der Auswirkungen der dualistischen Ideologie haben unsere Meinungsverschiedenheiten viel zu sehr in den Vordergrund gerückt.

Sind Bewußtseinsvorgänge kausal – oder nur ihre neuralen Gegenstücke?

Anhand dieser langen chronologischen Einleitung wollte ich den Unterschied zwischen Eccles' heutiger Position und der von 1964 verdeutlichen, zudem aber auch die im selben Zeitraum unter Wissenschaftlern sprunghaft gestiegene Bereitschaft, geistige Entitäten als erklärende Konstrukte zu akzeptieren, und schließlich die neu gewonnene Überzeugungskraft von Poppers dualistischen Argumenten. Ausschlaggebend für all diese Dinge ist das Auftauchen einer rationalen Alternativlösung, die das traditionelle, behavioristisch-materialistische Paradigma widerlegt. Daß es heute zu unserer früheren Argumentation, das Bewußtsein sei akausal und für eine vollständige Erklärung der Gehirnfunktion gar nicht nötig, einen logischen Widerspruch gibt, bedeutet, daß die Theorie des Behaviorismus die vielfältigen subjektivistischen Bestrebungen hin zu humanistischen Anschauungen und Deutungen nicht mehr in Schach halten kann. Auch die logischen Mittel der Abschreckung vom Dualismus haben an Zugkraft verloren. Das einzige Konzept, das die nötigen Qualifikationen aufzuweisen scheint und von dem man sagen kann, daß es die Wechselwirkung von so verschiedenen Dingen wie physischen und psychischen Zuständen jetzt plausibel erscheinen läßt, während sie bis 1964 noch als unvorstellbar galt, ist das Modell, das Popper und Eccles zur Hauptthese ihres Buchs machen und das ich ja auch vorgelegt habe.

Keine andere Betrachtungsweise vermag zur Zeit die kausale Wirksamkeit bewußter Erfahrung per se von der ihrer neuralen Korrelate zu unterscheiden und dabei, ganz im Gegensatz zur behavioristischen Theorie, die eine ebenso wie die andere zu berücksichtigen. Die in letzter Zeit immer häufiger zu hörende Bemerkung, der evolutionäre Überlebenswert des Bewußtseins sei ein Beweis für seinen kausalen Nutzen (31), wurde jahrzehntelang mit der Begründung abgeschmettert, seine neuralen Gegenstücke seien kausal und hätten Überlebenswert, aber nicht etwa die Bewußtseinsqualitäten selbst. Entsprechend sind jüngste Fortschritte in der kognitiven und humanistischen Psychologie, die heute im begrifflichen Rahmen der kausalen Funktion von Vorstellungsbildern und anderen subjektiven Erscheinungen zum Ausdruck kommen, nach wie vor auch in behavioristischen Begriffen interpretierbar, die die Kausalität der neuralen Gegenstücke subjektiver Erscheinungen anerkennen, aber nicht die der subjektiven Qualitäten selbst.

Neue Entwicklungen innerhalb der psychophysischen Identitätsauffassung, die unlängst aufgekommene »Bewußtseins-Bewegung« in der klinischen und geisteswissenschaftlichen Psychologie *(humanistic psychology)* ★ und in den sechziger Jahren die Bemühungen um eine Gegenkultur sind zwar alle chronologisch und anderweitig in Verbindung gebracht worden, können aber letztlich auch kein entscheidendes Argument vorbringen, das zwischen der kausalen Wirksamkeit des Bewußtseins und der seiner neuralen Korrelate unterscheidet, und ebensowenig, zumindest was die Naturwissenschaft betrifft, das lange vorherrschende materialistisch-behavioristische Paradigma auf andere Weise widerlegen. Der einzige Denkansatz, der das tut und eine logische und plausible Alternative aufweist, ist das veränderte

---

★ *humanistic psychology* als Erlebnis-, Bewußtseins-, manchmal auch Existenz-Psychologie »dritte Richtung« neben Behaviorismus und Psychoanalyse, A. d. Ü.

Konzept des Bewußtseins als einer kausalen, funktionellen Neubildung.

Das ist, kurz gesagt, die Vorstellung, daß Bewußtseinsphänomene emergente, funktionelle Eigenschaften der Gehirntätigkeit sind und als Kausaldeterminanten bei der Bildung der zerebralen Erregungsmuster eine aktive Steuerungsfunktion übernehmen. Nach ihrer Entstehung aus neuralen Vorgängen haben die höherrangigen geistigen Muster und Programme ihre eigenen subjektiven Qualitäten und ihre Weiterentwicklung; ihre Arbeitsweise und ihre gegenseitige Beeinflussung gehorchen eigenen Kausalgesetzen und -prinzipien, die sich von denen der Neurophysiologie, wie unten beschrieben, unterscheiden und nicht auf sie zurückgeführt werden können. Verglichen mit den physiologischen Prozessen sind die psychischen Ereignisse eher Massenvorgänge, die durch gestalt- oder strukturbedingte Wechselbeziehungen in den neuronalen Funktionen determiniert sind. Die geistigen Entitäten transzendieren die physiologischen, genau wie die physiologischen die molekularen transzendieren, die molekularen die atomaren und subatomaren und so weiter. Die psychischen Kräfte greifen nicht gewaltsam oder störend in die neuronale Aktivität ein, sondern kommen als höhere Schicht noch hinzu. In den ineinander verschachtelten Hierarchien des Gehirns besteht zwischen den neuralen und geistigen Schichten eine wechselseitige Beeinflussung. Neben der sequentiellen Verursachung auf einer Ebene, mit der die traditionellen Konzepte sich befassen, wird hier außerdem die Verursachung auf und zwischen mehreren Ebenen betont. Diese Vorstellung unterscheidet sich ganz erheblich von denen außerphysikalischer, geisterhafter Interventionen an den Synapsen und indeterministischer Einflüsse, auf die sich Eccles und Popper früher berufen hatten. Die Frage ist nun, ob diese Form psychophysischer Interaktion grundsätzlich monistisch ist, wie ich sie interpretiere, oder dualistisch, wie Popper und Eccles sie darstellen.

Und da wollen wir zunächst einmal ganz klar feststellen, daß Popper und Eccles weit über die gegebene Formel für die Interaktion zwischen Geist und Gehirn hinausgehen, um damit verbundene Konzepte und letzte Gesamtpositionen zu untermauern, die rein dualistisch sind. Eccles' Beschreibung eines bewußten Selbst, das einen übernatürlichen Ursprung hat und den Gehirntod überlebt, und Poppers Konzepte von unkörperlichen Gegenständen der »Welt drei«, die unabhängig von irgendeinem materiellen Substrat existieren, sind bezeichnende Beispiele. An anderen Stellen in ihren Werken sind viele Andeutungen zu finden, wo sie die lockere, offene und indeterministische Art der Verbindung zwischen Geist und Gehirn diskutieren, die keinen Zweifel darüber aufkommen läßt, daß beide etwas grundsätzlich Dualistisches im Sinn haben. Die Schwierigkeit liegt nun darin, daß diese dualistischen Elemente ununterscheidbar mit der bekannten Interaktionstheorie vermischt und verschmolzen sind, die ja der Kritik standgehalten hat und die viele von uns für absolut monistisch halten. In ihrem Buch wird durchweg unterstellt, daß ihre dualistischen Weiterungen und Zusätze nicht nur mit dem Interaktionsmodell der emergenten Verursachung vereinbar sind, sondern dadurch auch bestätigt werden.

Da dieses Modell Teile der beiden älteren, traditionell gegensätzlichen Philosophien des monistischen Materialismus auf der einen und des dualistischen Mentalismus auf der anderen Seite kombiniert, habe ich es zu Beginn als eine Kompromißlösung dargestellt, die mit dem einen wie mit dem anderen Etikett versehen werden könnte, um jeweils die eine oder andere Alternative zu unterstützen (natürlich mit gewissen Einschränkungen und ein paar neuen Begriffsbestimmungen). Es ist völlig verständlich, daß Popper und Eccles mit ihren älteren, aus anderen Zusammenhängen erwachsenen Bindungen an den Dualismus versuchen, den neuen Kompromiß so gut es geht mit ihrem früheren Denken in Einklang zu bringen. Entsprechend hätte ich ihn auch als »aufgeklärten Physikalismus«, »Neomaterialismus«, »emergentistischen, kognitivistischen oder mentalistischen Materialismus«, »nichtreduktionistischen Materialismus« und so weiter, präsentieren können. Im folgenden will ich kurz zu skizzieren versuchen, warum ich dieses interaktionistische Modell weder als dualistisch noch als materialistisch vorgestellt habe. Ich glaube, daß es Elemente in sich vereint, die es in besonderer Weise von beiden oben genannten Positionen abheben, und daß es am besten als eine im Grunde eigenständige Alternative anerkannt werden sollte. Von jetzt an sollen meine Ausführungen sich nur noch auf meine eigene, mir unmittelbar vertraute Version des Modells beschränken. Nach meinem Verständnis widerlegt dieses Konzept der Beziehung zwischen Geist und Gehirn nicht nur die Lehren des Behaviorismus, Materialismus, mechanischen Determinismus und Reduktionismus, wie Popper und Eccles richtig zeigen, sondern verweist ebenso und mit derselben Strenge den Dualismus in seine Schranken. Indem wir bewußte Erfahrung in monistischen Begriffen erklären, graben wir dem Dualismus gleich an der Quelle das Wasser ab und höhlen seinen massivsten Stützpfeiler aus, so daß ihm nur noch abstrakte Argumente wie die von Platon und Popper und Beobachtungen wie die der Parapsychologie übrigbleiben (4).

Emergente Verursachung

Für die weitere Argumentation wird es von Nutzen sein, wenn wir uns noch ein paar andere konkrete Beispiele für die Prinzipien der emergenten (holistischen) Kontrolle vor Augen halten, wie sie auf verschiedenen Stufen in einigen einfacheren, uns vertrauteren physikalischen Systemen veranschaulicht werden. Ich habe schon als Beispiel angeführt, wie ein Rad, das bergab rollt, seine Atome und Moleküle auf eine Reise durch Zeit und Raum und einem Schicksal entgegenführt, die beide durch die globalen Systemeigenschaften des Rads als Ganzem und ungeachtet der Neigung der einzelnen Atome und Moleküle determiniert sind. Die Atome und Moleküle werden durch die höheren Eigenschaften des Ganzen aufgegriffen und überwältigt. Man kann das rollende Rad mit einem Vorgang im Gehirn oder einem fortlaufenden Gedankenfluß vergleichen, bei dem die Gesamteigenschaften des Gehirnvorgangs als eine kohärente Organisationseinheit die raumzeitliche Anordnung der Feuerungsmuster innerhalb der neuronalen Systemstruktur festlegen. Die Kontrolle funktioniert in beide Richtungen, daher auch die »Interaktion« zwischen Geist und Gehirn. Die Bestandteile der Subsysteme bestimmen gemeinsam die Eigenschaften des Ganzen auf jeder Stufe, und diese wiederum determinieren den raumzeitlichen Verlauf und andere Gefügeeigenschaften der Teile. Der lebende Organismus mit seinen Zellen und Organen ist ein weiteres bekanntes Beispiel. Die Prinzipien sind universell.

Ein Beispiel, auf das ich zur Veranschaulichung im Unterricht gern zurückgreife, stellt die Programmwahlschalter in einem Fernsehempfänger den elektronischen und anderen physikalischen Wechselwirkungen gegenüber, die an seinem Betrieb beteiligt sind. Die vollständige Kenntnis der elektronischen und physikalischen Theorie, aufgrund derer man das Gerät ganz verstehen, es bauen und reparieren kann, hilft einem nicht, wenn man erklären soll, warum Mary auf Kanal 4 John geschlagen hat, was der Auslöser für den Einsturz des Gebäudes auf Kanal 2 oder für das Lachen auf Kanal 7 war. Es gibt keine Möglichkeit, diese Geschehnisse oder auch die politische Botschaft auf Kanal 5 von den Gesetzen und Konzepten der Elektronik her zu erklären. Sie erfordern eine andere Ordnung oder Ebene der Interaktion. Und doch steuern und determinieren die höherrangigen, noch dazukommenden Programmvariablen in jedem Augenblick den raumzeitlichen Verlauf des Elektronenflusses zum Bildschirm und durch das ganze Gerät – genau wie ein Gedankengang die neuronalen Feuerungsmuster steuert. Das Umschalten auf ein anderes Programm beziehungsweise einen anderen Kanal ist mit dem Umschalten im Gehirn auf eine neue Bewußtseinsdisposition, einen anderen Konzentrationspunkt oder eine neue Gedankenfolge vergleichbar. Popper würde die Fernsehprogramme vermutlich einer gesonderten Welt (Welten innerhalb von Welten?) zuordnen. Obwohl die Zuordnung solcher menschlichen Artefakte zu einer eigenen, andersartigen Welt in mancher Hinsicht nützlich und in ihrer ursprünglichen Form als philosophische Vermutung reizvoll sein kann, erscheint mir die derzeitige Befürwortung der gesonderten »Welten« in einem wirklich dualistischen Sinne strenggenommen falsch und irreführend.

Der Fernsehvergleich bricht natürlich zusammen, wenn er zu sehr strapaziert wird, denn die übergeordneten Fernsehprogramme lassen sich geradlinig zum Aufnahmestudio zurückverfolgen, während das Gehirn ein weitgehend sich selbst programmierendes, sich selbst erregendes System ist. Mit Hilfe seiner eingebauten, subjektiven Generatoren erstellt es seine eigenen sich überlagernden Programme, wobei es auch auf ein ganzes Leben bewußter Erinnerungen und ein hochentwickeltes, eingebautes System von Wertkontrollen und homöostatischen Regelmechanismen zurückgreift. Den über den Fernsehmonitor laufenden Programmen fehlen außerdem sowohl die innere Wechselwirkung und der Wettstreit, die im Gehirn stattfinden, als auch die sich selbst entwickelnden, schöpferischen Qualitäten und ein innerer Wahlschalter für die gewünschten Programme.

Von den Bewußtseinsprogrammen des Gehirns kann man wohl an-

nehmen, daß sie im Rahmen einer Aktivität erstellt werden, die außerhalb der Funktionen des geniculostriären Systems liegt und sich
von ihnen abhebt. Der Unterschied, den ich dabei im Auge habe, betrifft weniger Vorgänge auf neuronaler Ebene als vielmehr systembe-
dingte Struktur-, Gefüge- und Gestaltaspekte sowie Formelemente
der zerebralen Integration. Das spezielle Zentralsystem für das Bewußtsein oder das bewußte Selbst muß bestimmte Komponenten
umfassen: eine unaufhörliche Registrierung des sich verändernden
Körperschemas (so sehr es auch dazu neigt, nach Amputationen wei-
terzubestehen), die als Bezugspunkte für die bewußte Wahrnehmung
der sensorischen Inputs dient, ein Gefühl für die willensmäßige Beherrschung des Systems und die Verbindung dieser beiden Elemente
mit den sensorischen Inputs, dem Gedächtnis, den emotionalen Werten und homöostatischen Erfordernissen. Die bewußte Aufmerk-
samkeitskomponente in diesem zentralen Metasystem ist womöglich
nur ein kleines Oberflächenmerkmal des ganzen riesigen Komplexes
der zerebralen Integration. Die entscheidenden Charakteristika dieses
Zentralsystems »Selbst« sind vermutlich in jeder Spezies angelegt
und im wesentlichen unabhängig vom sensorischen Input im voraus
organisiert.

Wir müssen uns darüber klar sein, daß der Begriff der Interaktion
in diesen Beispielen nur in dem allgemeinen Sinn zutrifft, in dem er
in der Geschichte der Psychologie und Philosophie angewandt worden ist, um einen kausalen Einfluß zwischen Geist und Gehirn an-
zudeuten. Mit Nachdruck habe ich darauf hingewiesen, daß dieser
Begriff nicht beinhalten soll, daß die geistigen Kräfte in die physiologischen und chemischen Abläufe im Gehirn eingreifen, sie stören
oder unterbrechen, sondern nur, daß sie noch hinzukommen, genau wie Fernsehprogramme zu den elektronischen Abläufen. Damit ist keine Unterbrechung oder Verletzung der physiologischen
Gesetzmäßigkeiten verbunden. Ich vermute, Popper und Eccles
verwenden den Begriff meistens genauso und nur selten im engeren
Sinn einer tatsächlichen Störung der physiologischen Vorgänge,
so wie manche Kritiker ihre Auffassung anscheinend mißdeutet haben.

Nichtmaterialisierter Geist?

Sieht man sich unsere ursprüngliche Darstellung der Theorie und ihre ständigen Wiederholungen nebst anschaulichen Beispielen wie den vorausgegangenen an, ist nicht leicht einzusehen, wie dieses Geist-Gehirn-Konzept als Stütze für den Dualismus herangezogen werden konnte. Zunächst einmal leistet es der klassischen philosophischen Definition nicht Genüge, die im Dualismus zwei verschiedene Daseinsformen oder -zustände sieht, von denen keiner auf die Begriffe des anderen zurückführbar ist. Nach unserer Theorie sind psychische Zustände aus physiologischen und physikalischen Elementen aufgebaut, zusammengesetzt und geformt und folglich im Sinne der Definition auf diese reduzierbar. Hier muß allerdings geklärt werden, daß die Verwendung des Begriffs »reduzierbar« in zwei ganz verschiedenen Bedeutungen in unterschiedlichen Zusammenhängen einige Verwirrung gestiftet hat. Im allgemeinen Sprachgebrauch sagt man von einem Gebäude, es sei durch ein Erdbeben auf reinen Schutt reduziert worden. Das wird jedoch im philosophischen Streit von Holismus versus Reduktionismus aufgrund der Behauptung bestritten, das Gebäude sei in dem Reduktionsprozeß, selbst bei sorgfältiger Zerlegung, als solches verlorengegangen und deshalb nicht auf seine Teile reduziert worden, und im Prinzip lasse es sich auch nicht darauf reduzieren. Nur diese spezielle Bedeutung und nicht die allgemeinere der oben angeführten Definition oder des Wörterbuchs ist gemeint, wenn ich die psychischen Ereignisse als nicht auf die Gehirnphysiologie zurückführbar beschreibe.

Vielleicht ist der Grund dafür, daß geistige und andere Entitäten somit nicht auf ihre Teile reduziert werden können, leichter zu verstehen, wenn man sich ein bestimmtes Ganzes nicht als ein System aus nur materiellen Teilen vorstellt, sondern als eine kombinierte Mannigfaltigkeit von Raum, Zeit, Masse und Energie. Stellen Sie sich vor, der Raum sei durch dié materiellen Teile gekrümmt und geformt und die Zeit entsprechend durch Ereignisse in zeitlichen und beweglichen Systemen definiert, wobei auch die Raum-Zeit-Komponenten beide in vertikal verschachtelten Hierarchien angeordnet sind, die den materiellen Elementen entsprechen, um sie herum verteilt und durch ihre relativen Positionen und ihre zeitliche Abfolge festgelegt sind. Die physikalische oder begriffliche Reduzierung eines Ganzen auf seine materiellen Bestandteile zerstört unweigerlich die Raum-Zeit-Komponenten auf der betreffenden Ebene. Die letztgenannten Komponenten dieser Mannigfaltigkeit von Zeit und Raum, die sich mit den materiellen Komponenten vermischen, durch sie geformt und abgegrenzt werden, sind von entscheidender Bedeutung bei der Bestimmung der kausalen und anderer kennzeichnender Eigenschaften jedes Systems als Gesamtheit. Die räumliche Koordinierung der Teile in bezug zueinander bestimmt weitgehend die Qualitäten und kausalen Beziehungen des Ganzen; die für die materiellen Komponenten geltenden Gesetze schließen diese Raum-Zeit-Faktoren jedoch nicht ein. Versuche, sie im Rahmen sogenannter kollektiver und kooperativer Wirkungen zu erkennen, kranken meistens daran, daß die fundamentale Bedeutung der Raum-Zeit-Elemente nicht anerkannt wird. Deshalb ist die Quantenmechanik auch so wenig hilfreich, wenn es darum geht, die physikalische Realität in Schichten weit über der Quantenebene zu erklären.

Damit will ich keineswegs den Wert der Reduktion als wissenschaftlicher Methode oder ganz allgemein als Instrument der Erkenntnisgewinnung in Abrede stellen. Die Eigenschaften jedes Ganzen sind weitgehend (wenn auch nicht völlig, und in manchen Fällen mehr, in anderen weniger) durch die Eigenschaften seiner Teile festgelegt. In der Regel ist es sicher enorm hilfreich, wenn man weiß, wie und woraus irgend etwas sich zusammensetzt. Die weitere Reduktion auf die Zusammensetzung der Teile der Teile und so weiter hat aber immer weniger Erklärungswert für die Wirkungsweisen auf der höheren Ausgangsstufe. Obgleich Quarks und Gluonen im Gehirn für die Verhaltenswissenschaft nicht von besonderer Bedeutung sind, kann man erwarten, daß die Gehirnphysiologie in ihren höheren Dimensionen für die Funktionen des Verhaltens und der Kognition in vieler Hinsicht die Stellung einnehmen wird, wie sie die Molekulartheorie gegenüber der Chemie innehat. Widerspruch löst nur das reduktionistische Argument aus, nach dem Dinge folglich auf »nichts anderes als« ihre Teile reduziert werden können oder die ganze Wissenschaft sich theoretisch auf eine Kerneinheit in einer Grunddisziplin zurückführen läßt oder die Essenz aller Dinge in ihren Teilen liegt.

Das von uns vorgeschlagene Geist-Gehirn-Modell geht nicht nur an der Definition von Dualismus vorbei, sondern ist auch insofern nicht dualistisch, als es Gehirn und Geist zu untrennbaren Teilen derselben fortlaufenden Hierarchie macht, die nach allgemeiner Übereinkunft zu einem Großteil nicht dualistisch ist. Man wird unlogisch, wenn man auf der Ebene des Bewußtseins eine Ausnahme macht, nicht aber auf denen darüber und darunter. Im Rahmen des vorgelegten Modells kann man stetig in derselben Begriffswelt fortschreiten, ohne den Pfad der Evolution zu verlassen: von subatomaren Teilchen im Gehirn über Moleküle, Zellen und neurale Schaltungen zu Gehirnfunktionen mit oder ohne bewußte Eigenschaften und weiter zu höheren Verbindungen – allesamt innerhalb der einen irdischen Daseinsweise.

Ein anderer Widerspruch zum Dualismus scheint mir in der Beschreibung der subjektiven Bedeutung zu liegen, die unserer Meinung nach ein funktionelles Derivat und nicht eine Gehirnkopie oder eine raumzeitliche Umwandlung ist. Als ein sich herausbildendes, funktionelles Attribut der Gehirntätigkeit ist die bewußte Erfahrung unauflöslich und untrennbar mit dem aktiven Gehirn verbunden. Nur im Funktionszusammenhang innerhalb der Matrix der Gehirnmechanismen tauchen ja die subjektiven Qualitäten mit der ihnen eigenen Bedeutung auf. Die subjektiven Wirkungen werden durch die Gehirnaktivität erzeugt kraft derer sie überhaupt nur existieren. Selbst wenn Bewußtseinsformen höherer Ordnung sich aus geistigen Einheiten niedrigeren Ranges zusammensetzen, was, wie wir vermuten, zutrifft, ist die gesamte Hierarchie immer noch in die physiologische Substruktur eingefügt, von ihr abhängig und untrennbar mit ihr verbunden.

Ungefähr die gleiche Lösung des Geist-Gehirn-Problems hat vor kurzem MacKay (43) gefunden, der sie allerdings in der beschränkteren Terminologie der Informationstheorie präsentiert und zur Veranschaulichung das Beispiel zielgerichteter Operationen im Computer verwendet. Dasselbe Beispiel führte MacKay im Gewand der »Zweiseitentheorie« 1964 an, als er die (damals in der Neurobiologie hoch im Kurs stehende) Auffassung vertrat, die psychischen und physischen Vorgänge seien einander ergänzende Aspekte ein- und desselben Prozesses, in dem »keine physische Wirkung auf irgend etwas anderes als eine weitere physische Wirkung wartet« (MacKay 1966: 438). In jenen Jahren räumte MacKay dem Zentralnervensystem physikalische Determiniertheit ein und meinte, die bewußte Gehirntätigkeit sei prinzipiell in objektiven Begriffen vorherzusagen, wenn man die vorausgehenden physikalischen Determinanten kenne (vorausgesetzt, man offenbare die Vorhersage einer solchen Auswirkung nicht einer Person, die darin verwickelt ist). Die emergente Beschaffenheit der geistigen Steuerungsfunktionen, wie wir sie heute in einer vertikalen oder verschachtelten Hierarchie begreifen, und die Art, wie sie die physiologischen Determinanten überbauen, statt nur als innerer Aspekt parallel zu ihnen zu verlaufen, hat MacKay 1964 nicht erwähnt; in seiner Fassung von 1978 sind sie offenbar akzeptiert, zusammen mit einer vorher nicht ausgesprochenen Anerkennung der kausalen Wirksamkeit des Bewußtseins. Diese Veränderungen scheinen unsere jeweiligen Ansichten in bezug auf die Punkte, die unmittelbar das Geist-Gehirn-Problem betreffen, einander ziemlich anzunähern.★

MacKay ist offenbar mit der Geschichte dieser begrifflichen Entwicklungen und den ursprünglichen Konzepten, auf deren Grundlage Popper und Eccles argumentieren, nicht vertraut: Er mißdeutet (43) die Art von Interaktionismus, die ihnen vorschwebt, und findet es dann »erstaunlich«, wie leicht sich im übrigen ein enger Zusammenhang zwischen ihrer und seiner eigenen Beschreibung herstellen läßt. In Übereinstimmung mit seiner früheren Haltung neigt MacKay mehr als ich dazu zu betonen, in welch hohem Maße die vorgeschlagene Alternative eine physikalistische und nicht etwa eine mentalistische Auffassung wiedergibt. In dieser Hinsicht muß daran erinnert werden, daß die Vergleiche mit Computer- oder Fernsehprogrammen zwar in physikalischen Begriffen entworfen, die Programme des Gehirns jedoch immer als *mental* mit subjektiven Eigenschaften im Gegensatz zu den physikalischen oder materiellen Qualitäten definiert sind. Allerdings bin auch ich auf jeden Fall der Meinung, daß die Argumente und experimentellen Befunde, die in dem Buch von Eccles

---

★ Die hier dargestellte Interpretation ging zwar von MacKays Artikel aus dem Jahr 1978 aus, schien jedoch seiner Intention keineswegs zu entsprechen. In seinem 1980 erschienenen Buch *Brains, Machines and Persons* (Gehirne, Maschinen und Menschen) macht der Autor deutlich, daß er in seinem Denken nicht von seiner früheren Zweiseiten-Position aus dem Jahr 1966 abgerückt ist. In seiner Darstellung von 1980 betrachtet er Geist und Gehirn weiterhin als komplementäre Aspekte ein und derselben Sache, vergleichbar einer »inneren« und einer »äußeren« Geschichte, die parallel verlaufen und miteinander verbunden sind, jedoch nicht aufeinander einwirken. Seine parallelistische Position der »zwei Sprachen« oder »zwei Arten von Logik« hält an einem streng physikalischen Determinismus in der Gehirntätigkeit fest, der die hier entworfene Form eines mentalistischen Determinismus der neuralen Vorgänge nicht zuläßt.

und Popper zur Rechtfertigung des dualistischen Interaktionismus vorgebracht werden, unserer alternativen Interpretation eine Fülle an Material bieten.

Der neue Mentalismus und die materialistische Philosophie

Die Erklärung des Bewußtseins im oben beschriebenen Rahmen als eine Struktur- und Funktionseigenschaft der Gehirntätigkeit, die aus neuronaler und physikochemischer Aktivität besteht, in das aktive Gehirn eingefügt und untrennbar mit ihm verbunden ist, hat in manchen Fällen den Eindruck entstehen lassen, daß sie infolgedessen eigentlich als eine vorwiegend materialistische Auffassung interpretiert werden müßte. Einige weitere Gründe, sie statt dessen als mentalistisch (oder kognitivistisch) zu definieren, können so umrissen werden: Das Hauptmerkmal dieses Modells ist die neue Bereitschaft, subjektiv-geistigen Erscheinungen in der wissenschaftlichen Erklärung eine Vorrangstellung einzuräumen und den geistigen oder kognitiven Phänomenen als Kausaldeterminanten eine Kontrollfunktion auf höherer Ebene über ihre neuralen Korrelate zuzugestehen. Für mich heißt das, »das Geistig-Seelische wieder über das Materielle« zu stellen, und zwar in »einem System, das Ideen und Ideale aus einem idealistischen Verständnis heraus höher wertet als physikalische und chemische Wechselwirkungen, die Ausbreitung von Nervenimpulsen und die DNA. Es ist ein Gehirnmodell, in dem bewußte, geistig-seelische Kräfte als der krönende Abschluß einer schon fünfhundert Millionen oder noch mehr Jahre andauernden Evolution anerkannt werden« (73). Als solches steht es in Einklang mit den üblichen, bei Lehrbuchverfassern und Nichtfachleuten gebräuchlichen Definitionen der Begriffe »mental« und »Mentalismus«. In unserem Modell sind die subjektiven Qualitäten für sich real und kausal wirksam, sie werden subjektiv erlebt und sind von ganz anderer Beschaffenheit als die neuralen, molekularen und anderen materiellen Bestandteile, aus denen sie aufgebaut sind. Da Geist und Materie, Psychisches und Physisches lange als unmittelbare Gegensätze definiert wurden und einen Sinn jeweils in Begriffen ihres Gegenteils erhielten, scheint die vorgeschlagene Anerkennung des kausalen Primats subjektiver geistiger Qualitäten den Materialismus logisch auszuschließen.

Vor allem widerlegt die hier beschriebene Position unmittelbar das, wofür der Materialismus in der Naturwissenschaft wie auch in der Philosophie und dem geisteswissenschaftlichen Denken überhaupt gestanden hatte. Der materialistische Behaviorismus hatte sein Prinzip, nach dem Ideen, Motive und Gefühle bei der Bestimmung des Verhaltens und folglich auch bei seiner Erklärung keine Rolle spielten (6), so weit getrieben, daß er sogar die Existenz von Bewußtsein in irgendeiner Form leugnete, zumindest aber jegliche kausale Wirksamkeit bewußter oder geistiger Kräfte in der Gehirnaktivität als zentrale Grundvoraussetzung schlichtweg ablehnte. Die materialistische Philosophie und die sogenannte psychophysische Identitätslehre wurden während der sechziger Jahre mit dem Argument propagiert, daß »der Mensch nichts anderes ist als ein materieller Gegenstand, der nur physikalische Eigenschaften besitzt« und »die Naturwissenschaft eine vollständige Erklärung des Menschen in rein physikalisch-chemischen Begriffen liefern kann« (1). Die streng an der Identitätstheorie ausgerichtete »Unity of Science«-Bewegung behauptete, im Prinzip könnten die Gesetze der Naturwissenschaft letztlich alle auf die einer einzigen Grunddisziplin reduziert werden (12, 26, 48). Die Physik versuchte, die gesamte Natur von den »vier Elementarkräften« her zu ergründen und hoffte auf eine weitere vereinheitlichende Feldtheorie, um den Kern der Realität zu beschreiben. Meine Auffassung entwickelte sich Mitte der sechziger Jahre in direktem Gegensatz zu all diesen miteinander verbundenen materialistischen, mechanistischen und reduktionistischen Tendenzen.

Im Lauf des letzten Jahrzehnts hat die psychophysische Identitätsauffassung, die zum stärksten Moment der materialistischen Philosophie geworden ist, erhebliche Veränderungen durchgemacht. In ihrer ursprünglichen Form als eine semantische Verdrehung der alten »Zweiseiten«-Auffassung, die wenigstens bis zu Spinoza zurückreicht, wurde sie als eine Theorie der »doppelten Sichtweise« oder der »zweifachen Sprache« (27) beschrieben und war streng reduktionistisch. Insbesondere behauptete sie, es sei grundsätzlich möglich, die Gehirntätigkeit ausschließlich von den neuralen Vorgängen her zu erklären, ohne auf eine subjektive Sprache oder mentalistische Begriffe zurückzugreifen. Im Gegensatz zum Epiphänomenalismus oder den Emergenz-, Zweiseiten- oder Interaktionstheorien scheint die Identitätslehre selbst keine neuen, konkreten Konzepte für das Leib-Seele-

Problem zu bieten, sondern allenfalls verschiedene semantische Ansätze. Nachdem ich Mitte der Sechziger die entgegengesetzte Auffassung vom Bewußtsein als einer nichtreduktionistischen Neubildung mit kausaler Wirkkraft und Kontrolle nach unten eingeführt hatte, folgte eine Flut semantischer Transformationen in der Identitätstheorie, in der ein neuer Schwerpunkt auf die Kausalität des Bewußtseins und auf Emergenzkonzepte gelegt wird, die mit Begriffen wie strukturell, gestaltlich, holistisch, kollektiv und so fort (30, 49, 65, 89, 90) erfaßt werden.

In allen Fällen scheinen die Veränderungen diese anfangs so gegensätzlichen Sichtweisen einander näher zu bringen. Dementsprechend geht die Argumentation der Identitätsphilosophie heute, wie es scheint, nicht so sehr dahin, daß meine emergentistisch-deterministische Ansicht falsch ist, sondern daß die Identitätslehre ja die ganze Zeit über genau das und nichts anderes gemeint hat. Damit stehen wir vor der erstaunlichen Tatsache, daß mein Kompromißmodell für den Zusammenhang zwischen Geist und Gehirn heute mit dem Materialismus auf der einen und mit dem Dualismus auf der anderen Seite gleichgesetzt wird.

Zum Schluß möchte ich zur Rechtfertigung der mentalistischen und nicht der materialistischen Auslegung nur noch eins hinzufügen: Wenn es in dieser Welt überhaupt etwas gibt, das allgemein als Gegensatz zum Materiellen oder Physikalischen definiert wird, dann sind es die immateriellen Elemente des bewußten Erlebens. Seitdem die psychologischen Bewußtseinsinhalte zum erstenmal in Sprache, Philosophie und Naturwissenschaft erkannt wurden, sind sie traditionell als Gegensätze des Physikalisch-Materiellen in der Dichotomie von Geist und Materie behandelt worden. Folglich kann man eine Position wohl kaum materialistisch nennen, wenn sie ihre ganze Essenz und Daseinsberechtigung einer neuen anti-materialistischen Gewichtung verdankt, die den Schwerpunkt auf die Existenz und funktionelle Vorrangstellung psychischer Phänomene legt und deren Rolle als hochrangige Kausaldeterminanten in der Gehirnaktivität betont, die anderen Gesetzen gehorchen als die sie zusammensetzenden materiellen, neuronalen und elektrochemischen Prozesse. Ein Mentalist ist in der Verhaltenswissenschaft definiert als jemand, der entgegen der behavioristischen Doktrin behauptet, geistige Entitäten und Gesetze seien an der Determinierung des Verhaltens beteiligt und müßten zu seiner

Erklärung berücksichtigt werden. Das Konzept vom Bewußtsein als einer kausalen Neubildung wurde von Anfang an als eine Auffassung dargestellt, die der Naturwissenschaft das auf gesundem Menschenverstand beruhende (während der behavioristisch-materialistischen Ära jedoch verdeckte) Empfinden zurückgibt, daß wir tatsächlich einen Verstand und geistige Fähigkeiten besitzen, die zusätzlich zu unserer Gehirnphysiologie existieren und sich von ihr unterscheiden – genau wie die Zelleigenschaften in uns neben ihren molekularen Komponenten Bestand haben und sich von ihnen abheben.

Die Unterscheidung zwischen der mentalistischen Philosophie und der des Materialismus oder Behaviorismus ist zwar innerhalb der Psychologie von einiger Bedeutung, im ganzen gesehen jedoch weniger entscheidend als die zwischen Monismus und Dualismus. Sollte man auf lange Sicht allgemein dazu übergehen, die Bedeutung des Materialismus und / oder Physikalismus so weit auszudehnen, daß er geistige Phänomene in der hier beschriebenen kausalen, emergenten, konkreten, nichtreduktionistischen Form umfaßt, wäre das kein großer Verlust, vorausgesetzt, es entstünde dabei keine Verwirrung in bezug auf die gegenwärtig stattfindenden Begriffsveränderungen selbst und ihre neuen Implikationen und Konnotationen. Von all den Fragen, die man zur bewußten Erfahrung stellen kann, gibt es keine, deren Beantwortung tiefgreifendere und weiterreichende Folgen hätte als die, ob das Bewußtsein kausal ist oder nicht. Die verschiedenen Antworten führen zu grundsätzlich unterschiedlichen Paradigmen für die Naturwissenschaft, die Philosophie und die Kultur allgemein.

Sollte es langsam den Anschein haben, als trieben wir die Beschäftigung mit der Terminologie etwas zu weit, sei noch einmal daran erinnert, daß Etikette und ihre Konnotationen und die Eindrücke in der rechten Gehirnhälfte, die sie mit sich bringen, in menschlichen Entscheidungsprozessen oft wichtiger sind als die exakter formulierten logischen Konzepte und Tatsachen, für die sie stehen. Wenn Popper und Eccles als Repräsentanten der modernen Philosophie und Neurobiologie gemeinsam und mit den entsprechenden Argumenten verkünden, sie seien überzeugte Dualisten und glaubten an das Übernatürliche und an nicht materialisierte Daseinswelten, dann hat das sehr bald Auswirkungen über ihr berufliches Umfeld hinaus und beeinflußt Haltungen und Systeme von Glaubensüberzeugungen in der gesamten Gesellschaft. Das Ergebnis war ein schwerer Rückschlag für diejenigen von uns, die eine Hoffnung für die Zukunft und für genau die Zielsetzungen und Ideale, nach denen gewiß auch Popper und Eccles streben, darin sehen, daß alte dualistische Sichtweisen, Werte und Überzeugungen, dualistische Theologien und die damit verknüpften mythologischen und übernatürlichen Leitlinien der Vergangenheit durch eine neue, einheitstiftende holistisch-monistische Interpretation der Wirklichkeit als ein letztgültiges Bezugssystem für transzendierende Werte und höhere Sinnhaftigkeit ersetzt werden.

Ein Wandel der Prioritäten –
Für einen Zusammenschluß der Natur-
wissenschaft mit Ethik und Religion

In diesem letzten Kapitel lassen wir verschiedene Fäden zusammenlaufen und kehren zu der am Anfang aufgestellten Behauptung zurück, daß die verhängnisvollen Entwicklungen, die sich überall in der Welt abzeichnen, vornehmlich auf fehlgeleitete Wertpräferenzen der Menschen zurückzuführen sind und daß das wirksamste Mittel dagegen darin besteht, unser ethisches System stärker mit der weltlichen Realität in Einklang zu bringen. Die Bedeutung, das logische Prinzip und die vielfältigen konvergierenden Gedanken, die diesem Schluß zugrunde liegen, werden hier vor dem Hintergrund einiger allgemeiner praktischer Gesichtspunkte dargestellt, denen wir heute in der Neurobiologie und der ganzen Gesellschaft begegnen.

Unser Wissenschaftsglaube ist erschüttert

Bei uns hieß es immer, es gebe zwei Sorten von Wissenschaftlern: jene, die, von einem Problem besessen, nach Lösungsmethoden dafür suchen, und die anderen, die, auf eine bestimmte Methode spezialisiert, nach geeigneten Problemen suchen. Während die meisten von uns sich irgendwo zwischen diesen beiden Extremen einreihen, spricht vieles dafür, wenigstens im Prinzip sooft wie möglich Probleme über Methoden zu stellen. Wir werden also im folgenden vor allem problemorientiert vorgehen und uns immer an die Frage halten: »Welche Bedeutung wird unsere Wissenschaft in zehn, zwanzig oder mehr Jahren haben?«

In bezug auf die Vergabe staatlicher Gelder und in manch anderer Hinsicht ist deutlich geworden, daß auf nationaler Ebene die Forschungsmittel für die Neurobiologie nicht mehr so hoch veranschlagt werden wie noch vor den Haushaltsreformen in den frühen siebziger Jahren. Es sieht auch nicht so aus, als sei das eine vorübergehende

Erscheinung, von der die staatliche Förderung sich voraussichtlich bald wieder erholen wird. Und schließlich ist diese Entwicklung auch nicht auf die Neurowissenschaften beschränkt. Die Naturwissenschaft ist ganz allgemein davon betroffen; ausgenommen sind nur bestimmte Bereiche wie die Krebs- und Energieforschung und andere ausgewählte Projekte, deren Bedeutung für die Verbesserung unserer gefährdeten Lebenssituation unmittelbar auf der Hand liegt. Man kann wohl davon ausgehen, daß diese Veränderungen in der Bewilligung öffentlicher Gelder ganz reale Veränderungen in den gesellschaftlichen Prioritäten und dem Kollektivurteil der Gesellschaft über die Bedeutung und den real geleisteten Beitrag der Naturwissenschaft widerspiegeln. In der Zeitschrift *Science* (62) lesen wir von der »öffentlichen Ernüchterung«, der »heute oft voreingenommenen Haltung« gegenüber der Naturwissenschaft und der Tatsache, daß »der Glaube an den Nutzen wissenschaftlicher Bemühung und die Verheißungen der Technik immer mehr Risse bekommen haben«.

Eine Ursache für diese Veränderungen ist in der neuen, sich allmählich ausbreitenden Erkenntnis zu sehen, daß sich weltweit Probleme auftürmen, an deren Entstehung die Wissenschaft, wie man ihr vorwirft, nicht unbeteiligt war und die obendrein durch soziale Wertfragen erschwert werden, auf die die Wissenschaft offenbar auch keine Antwort weiß. Was bedeutet es schon für das Parlament oder die Öffentlichkeit, wenn wir ein paar neue Nervenverbindungen im Gehirn, ein paar bisher unbekannte Transmitter oder Rezeptoren oder dergleichen ausfindig machen, während die Qualität, ja sogar das Überleben der zivilisierten Gesellschaft potentiell in Gefahr ist? Selbst die zu allen Zeiten stark humanitäre Prägung neuer Entdeckungen in der Medizin, die vielleicht endlich Hunderttausenden das Leben retten könnten, bleibt nicht ganz von der neuen, unausgesprochenen Perspektive einer Welt verschont, die bereits mit Bevölkerungsungleichgewichten in einer Größenordnung von Hundertmillionen zu kämpfen hat. Schon in den späten sechziger Jahren (50) hatte man begriffen, daß die übermächtige Priorität sich immer stärker aufdrängender sozialer Gegenwartsprobleme ein Ausmaß an Dringlichkeit erreicht hatte, das es gerechtfertigt erscheinen ließ, die Wissenschaftsgemeinde zu einem unverzüglichen Großangriff zu versammeln und gleichzeitig zu ermahnen, daß es moralisch nicht mehr vertretbar ist, weiterhin »Wissenschaft wie gehabt« zu betreiben.

In der Zwischenzeit ist zwar nicht viel passiert, um das Spektrum globaler Zusammenbrüche zu verringern, aber es scheint sich doch einiges getan zu haben, was die allgemeine Zuversicht enttäuscht hat, von Naturwissenschaft und Technologiefortschritten seien Lösungen zu erwarten. Während die weltweite Pro-Kopf-Produktion fast aller wichtigen Erzeugnisse aus elementaren Ressourcen bereits ihren Höhepunkt erreicht und eine lange Abwärtsentwicklung angetreten hat (8), nimmt die Weltbevölkerung weiterhin um sechs Millionen Menschen pro Monat zu und sprechen Prognosen von der Unausweichlichkeit sozialer Unruhen, wenn die Verzweiflung der Völker und Nationen weiter wächst.

Technologischer Fortschritt ist nicht genug

Frühere Hoffnungen, die Wissenschaft würde sich vielleicht mit »grünen Revolutionen« und anderen technischen Lösungen der Lage gewachsen zeigen, schwinden allmählich dahin. Wir sehen langsam ein, daß Naturwissenschaft und technologischer Fortschritt allenfalls bewirken, daß mehr Menschen ein besseres Leben führen können, aber auch das nur eine Zeitlang, bis nämlich neue Grenzen erreicht sind, an denen dieselben und obendrein andere Probleme auftauchen, die alle um einige Nummern größer sind. Heute ist man der Meinung, daß Naturwissenschaft und technische Entwicklung, egal ob im medizinischen, landwirtschaftlichen, militärischen, energiewirtschaftlichen Bereich oder sonstwo, uns auf lange Sicht in eine eskalierende Teufelsspirale aus sich gegenseitig potenzierenden Zuwachsraten in Technik, Bevölkerungsentwicklung, Energie und Umweltverschmutzung katapultiert haben, die uns jetzt unvermutet in Gefahr bringen. Diese Überlegung trifft natürlich nicht Wissenschaft oder Technik an sich. Wir sagen ja, Utopia sei der technische Stand von morgen kombiniert mit dem Bevölkerungsstand des 19. Jahrhunderts. Vorschläge für Abhilfemaßnahmen, die in irgendeiner Weise den hochempfindlichen, wertbefrachteten Faktor der Bevölkerungskontrolle enthalten, bringen sofort eine Unmenge moralischer Probleme und Wertkonflikte auf den Tisch, für die die Naturwissenschaft, so heißt es, wiederum keine Lösungen parat hat.

Futuristen und der gesunde Menschenverstand sind sich darin einig, daß eine wesentliche, weltweite Veränderung in Lebensstil und moralischen Leitvorstellungen bald eine absolute Notwendigkeit darstellen wird. Auf einem Planeten mit begrenzten Ressourcen müssen die Prinzipien und Sitten einer ungehindert wachsenden Bevölkerung schließlich durch die eines geregelten Bevölkerungswachstums ersetzt werden, und je früher dieser unumgängliche Wandel sich vollzieht, desto besser ist es für die dann noch verbliebene Qualität der Biosphäre. Kurz, es wird immer offensichtlicher, daß das Gebot der Stunde nicht in mehr Wissenschaft und mehr technischem Fortschritt, sei es auf medizinischem, landwirtschaftlichem oder einem anderen Gebiet, besteht, sondern in den Grundsätzen einer neuen politischen Ethik und leitenden Wertvorstellungen, nach denen wir leben und regieren können und die ein wirksames Mittel gegen Überbevölkerung, Umweltverschmutzung, Erschöpfung der Ressourcen und all das sein werden.

Ist diese Schlußfolgerung erst einmal erkannt, wird man sich allgemein von der Wissenschaft abwenden und woanders nach Antworten suchen. Probleme, die auf Grundfragen von Ethik und Moral hinauslaufen, siedelt man traditionellerweise außerhalb der exakten Wissenschaften an. Von daher ist es auch nicht weiter verwunderlich, daß in der Öffentlichkeit der Glaube an die Verheißungen von Naturwissenschaft und Technik zunehmend erschüttert wurde.

Eine andere Betrachtungsweise

Im folgenden will ich versuchen, eine Position zu verdeutlichen, die der oben beschriebenen diametral entgegensteht und die im Grunde nicht nur der Naturwissenschaft die Gunst der Öffentlichkeit zurückbringen, sondern darüber hinaus ihr und dem wissenschaftlichen Bestreben allgemein einen Imagewandel und eine tragendere Rolle in der Gesellschaft verschaffen würde. Unter den hier genannten Voraussetzungen wird die Naturwissenschaft zur größten Hoffnung auf ein Entkommen aus den Teufelsspiralen der fortschreitenden Zivilisation, allerdings nicht aus den normalerweise angeführten Gründen. In unserem Modell stehen das öffentliche Interesse an der Wissenschaft und die ihr zugewiesene Aufgabe unter ganz anderen Vorzeichen: An wissenschaftlicher Forschung wird nicht mehr deshalb festgehalten, weil sie technischen Fortschritt erzeugt, sondern weil sie die unerreichte Fähigkeit besitzt, die Art von Wahrheit aufzudecken, die für Glaube, Überzeugungen und ethisch-moralische Grundsätze das beste Fundament bietet. In der Weltsicht und den Erkenntnissen der exakten Wissenschaften werden wir den besten Schlüssel zu richtigen moralischen Leitlinien finden. Die Argumente sind den Problemen von heute angepaßt und werden mit der Verschlechterung der derzeitigen Weltlage nicht etwa schwächer, sondern immer zwingender. Sogar die »reine« Grundlagenforschung und das alltägliche Praktizieren der »Wissenschaft wie gehabt« werden unter den genannten Gesichtspunkten gesellschaftlich und moralisch aufgewertet.

Den gewohnten Hinweis auf medizinische, pädagogische, technische und andere direkte Nutzeffekte wollen wir uns sparen und uns statt dessen auf gewisse weniger offensichtliche Wertzusammenhänge konzentrieren, die aus den Naturwissenschaften stammen. Von besonderer Bedeutung sind jüngste Konzeptveränderungen in bezug auf den menschlichen Geist, die Beschaffenheit des bewußten Selbst, Entscheidungsfreiheit, kausale Determiniertheit und die Beziehung zwischen Geist auf der einen und Materie und Gehirnfunktion auf der anderen Seite. Hier geht es um einige der fundamentalen Menschheitsfragen wie die, ob das Bewußtsein sterblich oder unsterblich, kosmisch oder ans Gehirn gebunden oder wiedergeboren ist und so fort. Gerade die geisteswissenschaftlichen Verflechtungen in diesen und ähnlichen Grenzbereichen haben schon immer den besonderen Reiz und die überaus große Bedeutung der Hirn-Seelen-Forschung ausgemacht. Ideologien, Philosophien, religiöse Lehren, Weltmodelle, Wertsysteme und andere Dinge werden stehen oder fallen mit den Antworten, die die Hirnforschung schließlich herausfinden wird. Im Gehirn trifft alles zusammen.

Kurz, die jüngsten begrifflichen Entwicklungen in der Neurobiologie bringen offenbar Veränderungen in den weltanschaulichen Perspektiven mit sich, die die letztgültigen Kriterien und das Bezugssystem für die Bestimmung menschlicher Wertpräferenzen sowie die Lösung von Wertkonflikten revidieren. Ein breit angelegter Wandel des Begriffsgefüges in Naturwissenschaft und Ethik wird erforderlich. Die Aussichten sind vielversprechend, besonders, weil diese veränderten Perspektiven gerade für die Bereiche innerhalb der weltweiten Krise gelten, wo heute die Gefährdungen der Lebensqualität am gravierendsten sind und wo verschiedene Ergebnisse bei der Lösung von Wertkonflikten fürchterliche soziale Konsequenzen haben können. So könnte zum Beispiel schon eine geringe Verlagerung im delikaten Gleichgewicht der ethisch-moralischen Argumente für und wider die Abtreibung den Unterschied von buchstäblich vielen Millionen Leben im Lauf der nächsten paar Jahre bedeuten, natürlich mitsamt den Sekundäreffekten – und in potenziertem Maße in künftigen Generationen. Ähnlich weitreichende Konsequenzen für die Lebensqualität ergeben sich aus Wertverschiebungen im Konflikt zwischen Energieversorgung und Umweltschmutz, in der Frage des Artenschutzes und anderen Problemen weltweiter Dimension.

Wir behaupten, daß eine wissenschaftliche Betrachtungsweise sowohl der Theorie als auch der Verschreibung ethisch-moralischer Werte nicht nur ein möglicher, sondern bei weitem der beste Weg ist, den wir einschlagen können und der für kommende Generationen die aussichtsreichste, wenn nicht einzige erkennbare Hoffnung darstellt. Argumente zur Rechtfertigung dieser Behauptung sind bereits an anderer Stelle einigermaßen ausführlich erläutert worden und können in den vorausgegangenen Kapiteln sowie in den dort erwähnten Werken, die auch im Quellennachweis am Ende dieses Buchs angegeben sind, nachgelesen werden. Statt frühere Kenntnis als gegeben vorauszusetzen oder den Gedankengang mühsam in andere Worte zu kleiden, ist es für unsere Zwecke nützlicher, wenn wir einfach noch einmal einige der wichtigsten Postulate, Vorschläge, Beobachtungen und Schlußfolgerungen so auflisten, wie sie mit geringfügigen Veränderungen aus den vorhergehenden Kapiteln und anderen Darstellungen exzerpiert wurden. Da unser Thema etwas abseits der konventionellen Disziplinen liegt und – das sei noch einmal gesagt – aus der großen Dringlichkeit und Bedeutung der auf dem Spiel stehenden Grundfragen der Menschheit erwächst, riskieren wir lieber Überlappungen und Redundanzen als das Gegenteil. Wir haben uns zwar um eine logische Reihenfolge bemüht, aber die inhaltlichen Querverbindungen häufen sich so rasch, daß es sich als vorteilhafter erweisen dürfte, noch einmal kurz das Ganze zu erfassen, als unbedingt in logisch konsequenten Schritten vorzugehen.

Die zusammengefaßten Grundbedingungen, Folgerungen und Vorschläge: eine Wiederholung

Subjektive Werte aus objektiver Sicht

o Neben ihrer allgemein anerkannten Bedeutung von einem persönlichen, religiösen oder philosophischen Standpunkt aus können menschliche Werte auch objektiv im Rahmen einer kausalen Steuerung als Universaldeterminanten in jedem menschlichen Entscheidungsprozeß betrachtet werden. Alle Entscheidungen laufen auf eine Wahl zwischen Möglichkeiten hinaus, die, aus welchen Gründen auch immer, am höchsten bewertet werden, und sind durch das jeweils maßgebende Wertsystem determiniert.

o Unter objektiv-wissenschaftlichen Gesichtspunkten sind es die menschlichen Werte, die als die strategisch einflußreichste kausale Kontrollgewalt heute das Geschehen in der Welt lenken. Mehr als jedes andere Kausalgefüge, mit dem die Wissenschaft sich gegenwärtig befaßt, sind es Variablen der menschlichen Wertsysteme, die unsere Zukunft bestimmen werden.

o Jedes Gehirn wird auf denselben Input anders reagieren und dazu neigen, dieselbe Information in ganz verschiedene Verhaltenskanäle zu lenken, je nachdem wie sein spezielles System von Wertpräferenzen aussieht. Kurz, was eine Person oder Gesellschaft hoch bewertet, bestimmt in hohem Maße, was sie tut.

o Als gesellschaftliches Problem kann man die menschlichen Werte auf der Dringlichkeitsskala höher einstufen als die eher greifbaren Sorgen wie Armut, Umweltverschmutzung, Energiemangel und Überbevölkerung, weil diese konkreteren Probleme alle vom Menschen geschaffen und weitestgehend Produkte menschlicher Wertsetzungen sind. Außerdem sind sie auf lange Sicht nicht zu beheben, wenn man die zugrundeliegenden menschlichen Werte, um die es dabei geht, nicht einem Veränderungs- und Anpassungsprozeß unterzieht.

o Der Wertfaktor ragt aus den Kontrollen über die Biosphäre als die erste und eigentliche Ursache den meisten gegenwärtigen Schwierigkeiten heraus. Der strategisch günstigere Weg, den sich anhäufenden widrigen Bedingungen in der Welt abzuhelfen, besteht darin, sich von vornherein mit den sozialen Wertpräferenzen auseinanderzusetzen, statt darauf zu warten, daß die Werte der Menschen sich unter dem Druck neuer äußerer Bedingungen von selbst ändern. Andernfalls sind wir dazu verdammt, ständig an den Grenzen des Unerträglichen zu leben, da die Wählermehrheit sich erst dann zur Änderung ihrer bestehenden Werte durchringen wird, wenn die Lage allmählich unhaltbar wird.

o Neuere Entwicklungen in der Hirnforschung heben den traditionellen Gegensatz zwischen Wissenschaft und Werten auf und liefern das Rüstzeug für eine überarbeitete Philosophie, in der die moderne (nichtreduktionistische) Naturwissenschaft zum wirkungsvollsten und verläßlichsten Instrument wird, um gültige Kriterien für moralischen Wert und Sinn festzulegen.

Werttheorie

o Jetzt wird eine Wissenschaft der Werte im Rahmen der Entscheidungstheorie vorstellbar, die in alle Zweige der Verhaltenswissenschaft hineinreicht und eine Art Grundgerüst für die Sozialwissenschaften bildet.

o Die scheinbar grenzenlose Komplexität menschlicher Wertsetzungen wird erheblich vereinfacht, wenn man Werte in zielabhängigen hierarchischen Strukturen sieht und überdies die Aufmerksamkeit auf die Bereiche konzentriert, die in der sozialen Auseinandersetzung eine Rolle spielen.

o Die im Menschen angelegten Bestandteile der Wertstruktur, zu denen angeborene psychologische ebenso wie biologische Werte gehören, können allgemein als unveränderlicher gemeinsamer Nenner der menschlichen Natur behandelt werden, so daß wir unser Augenmerk vor allem auf die Problematik der erworbenen, kognitiven, ideologischen Werte richten können, an denen sich Wertkonflikte hauptsächlich entzünden.

o In der Analyse erweisen sich Werte als Korrelate zielgerichteter Tätigkeit. Sie sind immer, explizit oder implizit, durch irgendeinen Zweck, eine Absicht oder ein Ziel bedingt und in zweckbestimmten Hierarchien angeordnet. Ist eine Vorstellung oder Überzeugung hinsichtlich Zweck und Wert des Lebens als Ganzem erst einmal akzeptiert, verdrängt und beeinflußt sie logischerweise die gesamte Hierarchie von Wertpräferenzen auf niedrigeren Ebenen. Die Rangordnung ideologischer Werte und die Beurteilung ethischer Fragen richten sich nach dem begrifflich erfaßten höchsten Zweck des Lebens als Ganzem. Und der wird zugleich, was auch logisch ist, eine entsprechende, in sich schlüssige Weltanschauung oder Vorstellung des Universums enthalten.

o Aufgrund der hierarchischen Struktur der Werte können wir die Suche nach besseren ethischen Leitvorstellungen beschränken auf die Suche nach dem, was am höchsten bewertet werden sollte. Das wiederum führt uns zur Problematik der Hauptdeterminanten unserer Wertpräferenzen – den Konzepten und Überzeugungen hinsichtlich Lebensziel und Weltbild, die das Kernproblem des moralischen Urteils ausmachen und logischerweise die Wertstruktur auf allen Ebenen beeinflussen.

o Gesellschaftliche Werte und insbesondere solche, die nicht von jedermann akzeptiert werden, stehen in einem dauernden Bedingungs- und Abhängigkeitsverhältnis zu einem allgemeinen Bezugsrahmen, der die Prämissen, Überzeugungen und Annahmen enthält, auf denen die Rechtfertigung der jeweiligen Prioritäten beruht. Da drängt sich die Frage auf: Wie kommt es, daß ein Bezugsrahmen einem anderen überlegen ist oder ihn aufhebt? Und weiter: Gibt es einen letztgültigen Bezugsrahmen für Werte, den alle Länder, Kulturen, Regierungen und Glaubensgemeinschaften, ja die Menschheit insgesamt aus Gründen der Logik wie auch aus praktischen Erwägungen als die letzte maßgebende Norm, wenn es ethische Prioritäten zu beurteilen und Wertkonflikte zu lösen gilt, und als Richtlinie für das menschliche Urteilen im allgemeinen und für internationale Entscheidungsprozesse im besonderen annehmen und respektieren könnten? Die praktische Notwendigkeit, ein paar solcher einheitstiftenden, allgemeingültigen Normen zu entwickeln, tritt dort immer deutlicher zutage, wo es etwa um die Kontrolle des Bevölkerungswachstums auf der Erde, die Erhaltung ihrer natürlichen Ressourcen, den Schutz der Weltmeere und der Atmosphäre und verschiedene andere globale Gegenwartsprobleme geht, die immer dringlicher nach vereinten Anstrengungen in weltweitem Maßstab verlangen.

o Was wir im Idealfall brauchen, um Entscheidungen im Zusammenhang mit Werturteilen zu treffen, ist ein Konsens darüber, wie wir das Universum, aber auch Platz und Rolle des Menschen und seiner Lebenserfahrung darin letztendlich verstehen und deuten wollen.

o Überzeugungen in bezug auf den höchsten Zweck und Sinn des Lebens und die entsprechenden weltanschaulichen Standpunkte, die persönliche Ansichten über Gut und Böse prägen, sind direkt oder indirekt als natürliche Folge entscheidend von Konzepten abhängig, die das bewußte Selbst und den Zusammenhang zwischen Geist und Gehirn sowie die dadurch möglich werdenden Arten von Lebenszielen und kosmischen Weltdeutungen zum Gegenstand haben. Soziale Werte hängen direkt und indirekt beispielsweise davon ab, ob man das Bewußtsein für sterblich, unsterblich, wiedergeboren oder kosmisch hält und ob es als örtlich umschrieben und ans Gehirn gebunden oder als im wesentlichen universell gilt.

o Neuere Entwicklungen in der Geist-Gehirn-Theorie revidieren die höchsten Kriterien und den letztgültigen Bezugsrahmen für die Bestimmung unserer Wertpräferenzen. Die Problematik von Werten, Ethik und Moral (die Fragen nach dem, was gut, richtig und vom ethischen Standpunkt wahr ist und was sein sollte) wird in diesem neuen Rahmen etwas, wozu die Naturwissenschaft im wahrsten Sinne des Wortes einen wesentlichen Beitrag leisten und woran sie aktiv und verantwortlich beteiligt werden sollte.

o Aktuelle Konzepte des Zusammenhangs zwischen Geist und Gehirn bedeuten einen direkten Bruch mit der lange gültigen materialistisch-behavioristischen Doktrin, die die Neurobiologie über Jahrzehnte hinweg beherrschte. Statt auf das Bewußtsein zu verzichten oder es zu ignorieren, anerkennt die neue Interpretation das Primat der inneren geistigen Bewußtheit als kausale Realität.

o Man hat erkannt, daß die Phänomene der bewußten Erfahrung bei der Prägung des Erregungsverlaufs im Gehirn eine aktive, lenkende Rolle spielen. Im vorliegenden Entwurf ist das Bewußtsein nicht etwa parallelistisch und akausal, sondern wird zu einem integralen Bestandteil der Gehirnfunktionen selbst und einem ebenso wesentlichen wie wirksamen Element der Gehirntätigkeit. Es bekommt Arbeit und hat jetzt einen Nutzen und die Rechtfertigung dafür, daß es sich in einem physischen System entwickelt hat. Subjektive Phänomene einschließlich der Werte werden in das Kausalgefüge des menschlichen Entscheidungsprozesses und des Verhaltens überhaupt eingebracht und damit auch zurück in den Wirkungsbereich der experimentellen Naturwissenschaft, aus dem sie lange ausgeschlossen waren.

o Die scheinbar unversöhnlichen Gegensätze und Paradoxe, die man bisher zwischen Geist und Materie, Determinismus und freiem Willen, objektiven Tatsachen und subjektiven Werten sah, werden heute in einer einzigen umfassenden und einheitstiftenden Anschauung von Bewußtsein, Gehirn und dem Menschen in der Natur in Einklang gebracht.

o Der Umschwung in Psychologie und Neurobiologie weg von Materialismus, Reduktionismus und mechanischem Determinismus hin zu einem neuen monistisch-mentalistischen Paradigma gibt dem wissenschaftlichen Bild der menschlichen Natur die Würde, Freiheit, Verantwortlichkeit und anderen humanistischen Attribute zurück, die der materialistisch-behavioristische Ansatz ihm lange Zeit entzogen hatte.

o Hier werden ein nichtreduktionistisches, holistisches Weltmodell und eine Interpretation der physischen Realität vertreten, in denen die qualitativen Struktureigenschaften aller Entitäten als genauso real und kausal wirksam gelten wie diejenigen ihrer Teile. Diese Wahrung des qualitativen Wertes und pluralistischen Reichtums der physischen Realität steht der allgemeinen Tendenz entgegen, exakte Wissenschaft mit Reduktionismus gleichzusetzen.

Für die Vereinigung von Naturwissenschaft und Werten

o Statt Wissenschaft und Werte voneinander zu trennen, führt die vorliegende Interpretation zu einer Einstellung, bei der die Naturwissenschaft – in ihrem ureigentlichen Sinn als ein Instrument, das das Verstehen des Menschen und der natürlichen Ordnung ermöglichen soll – zur besten Ausgangsbasis, Methode und Autorität wird, um die höchsten Kriterien für moralische Werte und die letztgültigen ethischen Axiome und Leitlinien zu bestimmen, nach denen die Menschheit leben und ihre Völker regieren kann.

o Die klassischen Versuche der Philosophie, das Sollen vom Sein herzuleiten, und ihre naturalistischen Fehlschlüsse lösen sich im Kontext der Gehirntätigkeit logischerweise auf. Die zerebralen Funktionen sind schon von Natur aus überreich an bestehenden Werten und Wertdeterminanten, angeborenen wie erworbenen, so daß eintreffende Fakten in ein regelmäßiges Wechselspiel mit Werten treten und sie maßgeblich formen. Das dabei entstehende Wertsystem einschließlich der Vorstellungen von dem, was sein sollte, ist weitestgehend durch den faktischen Input determiniert.

o Der Übergang zu einer Ethik auf der Grundlage der Naturwissenschaft würde im wesentlichen zur Folge haben, daß der natürliche Kosmos der Wissenschaft an die Stelle der verschiedenen mythologischen, intuitiven, mystischen oder am Jenseits orientierten Bezugssysteme träte, nach denen der Mensch wechselweise versucht hat, zu leben und Sinn zu finden.

o Unser Ziel ist nicht, Wertkonflikte oder Glaubens- und Meinungsunterschiede zu beseitigen, sondern nur, diese in einen Bereich zu bringen, der durch einen gemeinsam vereinbarten und in der Wissenschaft verankerten Bezugsrahmen abgesteckt ist – und das nicht, weil wir wissenschaftliche Wahrheit für absolut und unanfechtbar halten, sondern weil wir davon überzeugt sind, daß sie die beste, zuverlässigste, glaubwürdigste und verbindlichste Annäherung an die Wahrheit ist, die wir haben.

o Wenn die Naturwissenschaft erst einmal ihre traditionelle materialistisch-behavioristische Einstellung ändert und anfängt, die ganze Welt der inneren, bewußten, subjektiven Erfahrung (die Welt der Geisteswissenschaften) theoretisch zu akzeptieren und prinzipiell in den Bereich ihrer Kausalerklärungen aufzunehmen, dann wird sich damit auch das Wesen der exakten Wissenschaft selbst ändern. Dieser Wandel betrifft natürlich nicht die grundlegenden Methoden und Verfahren, sondern den Wirkungsbereich und den Inhalt der Naturwissenschaft, ihre Grenzen, ihren Bezug zu den Geisteswissenschaften und ihre Rolle als eine kulturelle, intellektuelle und moralische Kraft. Die von ihr vertretenen Interpretationen, ihr Weltbild und die damit verbundenen Wertperspektiven und -prioritäten und die Konzepte der physischen Realität, die sich aus der Naturwissenschaft herleiten, müssen sich unter den neuen Voraussetzungen alle einer gründlichen Überprüfung unterziehen. Die Veränderungen führen uns weg von den mechanistischen, deterministischen und reduktionistischen Lehrmeinungen, die bis 1965 vorherrschten, hin zu den stärker humanistisch geprägten Deutungen der siebziger Jahre. Unsere heutigen Anschauungen sind eher mentalistisch, holistisch und subjektivistisch. Sie verleihen uns mehr Freiheit, indem sie die Beschränkungen des mechanischen Determinismus verringern, und haben einen höheren Wert- und Sinngehalt.

o Wenn man als höchsten Wert das akzeptiert, was für die Menschheit allgemein am heiligsten gewesen ist, nämlich die kosmischen Kräfte, die das Universum hervorbrachten, es bewegen und steuern und den Menschen schufen, und diese Übereinstimmung mit dem Weltbild der Naturwissenschaft deutet, dann kommt dabei ein Wertsystem heraus, das große Ehrfurcht vor der Natur mit einbezieht, indem es die Werte der Recycling-Philosophie, des geregelten Bevölkerungswachstums und des Umweltschutzes hoch einstuft, und das die fortschreitende Verbesserung der Lebensqualität im allgemeinen anvisiert.

o Aus der Sicht der Naturwissenschaft wird der Schöpfer, um es einfach auszudrücken, zu dem riesigen, verflochtenen Gewebe der gesamten, sich entfaltenden Natur, einem ungeheuer vielschichtigen Konzept, das all die unwandelbaren und emergenten Kräfte kosmischer Verursachung umfaßt, die vom Elementarteilchen der Hochenergiephysik bis zu den Galaxien alles kontrollieren, wobei man die kausalen Eigenschaften nicht vergessen darf, die Gehirntätigkeit und Verhalten auf individueller, zwischenmenschlicher und gesellschaftlicher Ebene steuern. In all diesen Dingen ist die Wissenschaft für uns nach und nach zur anerkannten Autorität geworden, die uns einen kosmischen Entwurf und ein Bild der menschlichen Psyche bietet, neben denen die meisten anderen vergleichsweise simpel erscheinen, und die sich mit jeder neuen wissenschaftlichen Erkenntnis ausweiten und entwickeln.

o Auf dem Weg der exakten Wissenschaft wird es der Menschheit wohl am ehesten gelingen, jene Kräfte, die das Universum hervorbrachten, es bewegen und kontrollieren und den Menschen schufen, wirklich zu verstehen und einen Bezug zu ihnen herzustellen. All das will natürlich nicht heißen, daß die Wissenschaft in die Rolle der Religion schlüpfen sollte, sondern nur, daß aus einer Verschmelzung der beiden Vorteile für sie und andere entstehen könnten.

o Die Zukunft der exakten Wissenschaften wird in hohem Maße davon abhängen, ob ihnen im Bewußtsein der Öffentlichkeit eine Kompetenz im Bereich der Werte eingeräumt wird. Im umgekehrten Sinne, und das ist noch viel wichtiger, wird auch die Zukunft der Gesellschaft in hohem Maße davon abhängen, ob ihre Wertperspektiven von den Fakten und dem Weltbild der Wissenschaft oder von anderen heute vorherrschenden Determinanten geprägt werden.

Der Schlüssel zu einem Überleben, das sich lohnt

Im Vorhergehenden schwingt die Überzeugung mit, daß unsere oberste soziale Priorität heute darin besteht, weltweit einen Wandel im Wertgefühl der Menschen zu bewirken. Nach der Hierarchietheorie der Werte führt das zu einer Veränderung dessen, was als das Heiligste gilt. Was wir brauchen, ist, um es genauer auszudrücken, eine neue Ethik, Ideologie oder Theologie, die es zu einem Sakrileg macht, natürliche Ressourcen aufzubrauchen, die Umwelt zu verschmutzen, Überbevölkerung zu fördern, andere Arten auszurotten oder in ihrem Bestand zu gefährden oder auf andere Weise die sich entfaltende Qualität der Biosphäre zu zerstören, herabzumindern oder zu mißbrauchen. Genau das folgt nämlich aus unserer neuen Betrachtungsweise von Theorie und Verschreibung menschlicher Werte. Wenn wir auf die von der Naturwissenschaft vertretenen Wahrheiten vertrauen, gelangen wir zu einer Ethik, die sich für allerhöchste Achtung vor der Natur und ihren schöpferischen Prinzipien – zu denen auch die ihres Gipfelsturms in die höchsten ästhetischen, emotionalen, intellektuellen und seelischen Sphären des menschlichen Geistes gehören – und für die sich daraus logisch ergebenden Wertkriterien ausspricht. Weltweit angewandt, würden sie augenblicklich genau die gesetzgeberischen und sonstigen Korrekturmaßnahmen und Bestrebungen in Gang setzen, die wir brauchen, um die sich drohend vor uns auftürmenden globalen Untergangsszenarien abzuwenden.

Im oben vorgezeichneten Rahmen bekommt die Naturwissenschaft einen anderen Nutzen. Die Gesellschaft würde von ihr nicht nur neue Technologien und objektive Erkenntnis erwarten, sondern, was noch wichtiger wäre, die Kriterien für höchsten Wert und Sinn. Mit jedem wissenschaftlichen Fortschritt lernen wir Wesen, Sinn und Wunder der schöpferischen Kräfte, die den Kosmos bewegen und den Menschen hervorbrachten, ein bißchen besser verstehen und schätzen. Sogar die »Wissenschaft wie gehabt« gewinnt in diesem Zusammenhang an gesellschaftlicher Bedeutung und moralischer Unterstützung. Die besondere Schlüsselrolle, die Neurobiologie und Hirnforschung dabei spielen, wird ohne weiteres deutlich.

Ich möchte noch einmal gesondert auf einen Punkt eingehen, der in den bisherigen Ausführungen bereits implizit enthalten war, daß wir nämlich, wenn die Naturwissenschaft sich in dieser neuen Rolle als wirklich geeignet erweisen und nutzbringend arbeiten soll, eine ganze wissenschaftliche Denkweise reformieren müssen, die man lange in die allgemeine Rubrik des »wissenschaftlichen Materialismus« einordnete. Bestrebungen, sich an die Wahrheiten der Wissenschaft und nicht an unbewiesene Behauptungen anderer Provenienz zu halten, sind seit den Anfängen der wissenschaftlichen Forschung schon gelegentlich unterstützt worden. Neu an der heutigen Situation ist der Umschwung vom reduktionistischen Physikalismus zu einem holistisch-mentalistischen Paradigma und den veränderten Interpretationen und Sichtweisen, die sich daraus ergeben. Zu den korrekturbedürftigen traditionellen Auffassungen gehört jene von der Ohnmacht der Wissenschaft gegenüber Werturteilen und dazu ein Großteil der Doktrin, die mit dem reduktionistischen, mechanischen Determinismus einherging und die Wissenschaft und unsere wissenschaftlichen Ansichten viele Jahrzehnte lang prägte. Es war das Denken von Karl Marx und ist der Grund dafür, daß die eher materialistischen und animalistischen Aspekte der menschlichen Natur in der sowjetischen Philosophie an erster Stelle vor den eher idealistischen, seelischen Komponenten rangieren. Die Probleme, um die es geht, sind nicht gerade unbedeutend. Sie berühren (außer den oben hervorgehobenen humanistischen Konsequenzen) nicht nur das öffentliche Ansehen der Naturwissenschaft, ihren Bezug zu menschlichen Werten und die Arten von Werten, die sie vertritt, sondern auch einige unserer grundlegenden Konzepte innerhalb der exakten Wissenschaften, die die physikalische Wirklichkeit, Geist und Materie und das Wesen der Kausalität betreffen.

Verschiedene Formen der Verursachung

Die vielfältigen Probleme laufen in zwei entgegengesetzten Auffassungen des kausalen Determinismus zusammen, die für alles bisher Gesagte von grundlegender Bedeutung sind. Die eine postuliert, daß die in der Natur wirksamen kausalen Kräfte und Gesetze voll und ganz in rein physikalischen Zusammenhängen beschrieben werden können und daß sie im Prinzip letztlich auf der Grundlage der Quantentheorie, das heißt der elementaren Kräfte der Physik, oder im Rahmen einer stärker vereinheitlichenden Feldtheorie zu erklären sind, die man früher oder später finden wird. Diese Auffassung geht davon aus, daß der physikalistische, das heißt materialistische Determinismus überall in der Natur vorherrscht und daß alle Wechselwirkungen auf höherer Ebene einschließlich denen im Gehirn auf die Betrachtung der letzten fundamentalen Kräfte der Physik zurückzuführen und mit ihrer Hilfe zu erklären sind.

Im Gegensatz zu dieser lange dominierenden physikalistisch-behavioristischen Interpretation ist die Auffassung zu sehen, die ich hier vertrete und die in der letzten Zeit immer stärkere Anerkennung besonders in den Verhaltenswissenschaften gefunden hat. Sie behauptet, daß die höheren Kräfte und Prinzipien der Verursachung, wie sie sich zum Beispiel in der klassischen Mechanik, der Physiologie, den Gehirnfunktionen und dem Verhalten zeigen, nicht vollends durch die Gesetze der Quantenmechanik oder durch die Mechanismen oder Prinzipien irgendwelcher anderen letzten physikalischen Kräfte oder Felder erklärt werden können. Die höheren Entitäten und ihre kausalen Eigenschaften und Interaktionsregeln werden als selbständige kausale Realitäten verstanden, die (obgleich teilweise) nicht vollständig durch die Kausalgesetze und Eigenschaften ihrer Bestandteile festgelegt sind. Die umfassenderen, höheren, eher ganzheitlichen Eigenschaften gelten als genauso kausal wie die grundlegenderen physikalischen Eigenschaften ihrer untergeordneten Komponenten und werden als in vieler Hinsicht bedeutender betrachtet. Unter diesem Aspekt sind die elementaren Kräfte der Physik nur Bausteine, die zur Schaffung größerer, leistungsfähigerer Entitäten und Kräfte verwandt werden. Die Strukturierung der Bauelemente, das heißt ihre Anordnung in Raum und Zeit, wird zu einem besonderen Schlüsselfaktor bei der jeweils spezifischen Gestaltung der Dinge, und ist nicht nur durch die Eigenschaften der Elemente selbst determiniert.

Der Versuch, eine Entität von ihren Teilen her zu erklären und dann die Teile von ihren Teilen her und so weiter, führt zu einer endlosen Rückwärtsbewegung, bei der man zum Schluß nur noch dasitzt und versucht, alles von so-gut-wie-nichts her zu erklären. Bei jedem Rückwärtsschritt gehen entscheidende Strukturkomponenten der Kausalität verloren, und die Erklärung wird auf jeder niedrigeren Stufe unvollständiger. Die Bemühung, auch nur im Prinzip die Gestaltfaktoren, das heißt die Raum-Zeit-Komponenten, miteinzubeziehen, indem man auf jeder Stufe die »Wechselwirkungen der Teile«

oder die »strukturellen Beziehungen« erwähnt, macht sich zwar sehr gut, ist aber nur leeres Gerede. Wir haben keine Wissenschaft für die Raum-Zeit-Komponenten, keine Wissenschaft für die allgemeine Form, in der sie auf jeder Ebene der Systemstruktur vorhanden sind. Selbst die vergleichsweise supereinfachen Wechselwirkungen im Rahmen des klassischen »Dreikörperproblems« sind schon ganz enorm. Unsere Auffassung besagt ferner, daß, wenn eine neue Entität geschaffen wird, die neuen Eigenschaften der Entität beziehungsweise des Systems als Ganzem künftig die Kausalkräfte der sie zusammensetzenden Entitäten kontrollieren, und zwar auf allen niedrigeren Stufen in den verschachtelten Hierarchien der neuen Systemstruktur. Anders ausgedrückt, jedesmal wenn eine Entität sich mit anderen zu einem neuen Ganzen zusammentut, werden die Position, die sie im Universum einnehmen muß, und ihr daraus resultierender Weg durch Zeit und Raum, das heißt ihr ganzes weiteres Schicksal, deutlicher durch die neuen Eigenschaften des Systems in seiner Gesamtheit als durch ihre eigenen ursprünglichen Eigenschaften bestimmt. Ein gewisses Maß an Selbstbestimmung geht den Teilen verloren, sobald die höheren Kräfte des neuen Ganzen sich darüberlegen. Obwohl die Kausalkräfte auf den niedrigeren Ebenen der Quanten, Atome oder Moleküle in der Systemstruktur auch weiterhin wie bisher funktionieren, werden sie von den neuen kausalen Eigenschaften, die in der Ganzheit auftauchen, umgeben, einbezogen, überwältigt, abgelöst, ergänzt und übertroffen. Indem sie neue Zusammensetzungen bildet, fügt die Evolution den bereits bestehenden ständig neue Entitäten und neue Phänomene hinzu, die neue Qualitäten, neue Kausalkräfte und Prinzipien mit neuen wissenschaftlichen Gesetzmäßigkeiten und Kontrolleigenschaften umfassen.

Die neuen emergenten Phänomene, die nicht auf ihre Teile zurückführbar sind und einen Anspruch auf Anerkennung als selbständige kausale Gegebenheiten haben, sind in vieler Hinsicht machtvollere und bestimmendere Züge der Realität als die niedrigeren Eigenschaften ihrer Teile. Anstelle eines Universums, das vollständig durch Quantenmechanik und die elementaren Kräfte der Physik gesteuert wird, präsentiert die Naturwissenschaft mit dieser Interpretation ein Universum, das durch eine Überfülle verschiedenartigster emergenter Kräfte gesteuert wird, die immer komplexer und leistungsfähiger werden. Regellosigkeit, Zufall, Launenhaftigkeit oder Chaos, die vielleicht auf Quantenebene wirksam sind, wie moderne Physiker ausdrücklich betonen, kommen kaum zum Vorschein, weil sie von Kräften auf höherer Ebene, die alles andere als zufällig sind, erfolgreich überbaut und gesteuert werden. Die höheren Schichten umfassen viel mehr als nur Massenwahrscheinlichkeiten. Das kreative, ineinandergreifende Gewebe der sich entfaltenden Natur ist nicht blind oder dem Zufall überlassen, sondern wird in seiner weiteren Entwicklung reich an nicht umkehrbaren, zielgerichteten, immer komplexeren Anforderungen, die den Lauf der Dinge allmählich zu höheren und leistungsfähigeren Formen führen.

Im Gehirn werden Kontrollmechanismen auf physikochemischer und physiologischer Ebene durch neue Formen kausaler Steuerung abgelöst, die auf der Ebene bewußter geistiger Aktivität auftauchen, wo kausale Eigenschaften die Inhalte subjektiver Erfahrung einschließen. Die kausale Kontrolle verschiebt sich also innerhalb der Gehirndynamik von Schichten der rein physikalischen, physiologischen oder materiellen Bestimmtheit zu Schichten der geistigen, kognitiven, bewußten oder subjektiven Bestimmtheit. Der Fluß der neuralen Erregung und der damit verbundenen physiologischen Ereignisse in einem Bewußtseinsvorgang wird nicht mehr ausschließlich durch gleichartige Vorgänge reguliert, sondern von den höheren geistigen Kontrollen aufgefangen, eingebunden und in Gang gehalten, ähnlich wie der Elektronenfluß in einem Fernsehgerät durch den Programminhalt auf verschiedenen Kanälen aufrechterhalten und unterschiedlich strukturiert wird. Genau wie die Programmvariablen eines Fernsehmonitors berücksichtigt werden müssen, wenn man erklären will, wie der Elektronenfluß im System gesteuert wird, so müssen beim Gehirn die subjektiven, geistigen Variablen der Gehirntätigkeit einbezogen werden, wenn man den neuralen Erregungsverlauf vollständig erklären will. Zwischen den geistigen Ereignissen der bewußten Erfahrung und den physikochemischen Vorgängen in der Systemstruktur besteht unserer Ansicht nach kein parallelistischer Zusammenhang wie etwa zwischen »zwei Sprachen«, »zwei Denksystemem« oder »zwei komplementären Aspekten ein und derselben Situation«, in dem »eine rein physikalische Determiniertheit« des Zentralnervensystems bestehen bliebe, wie sie von der Zweiseitentheorie (44) postuliert wird. Diese Verlagerung von einer kausalen Determiniertheit rein physikalischer Art zu einer, bei der bewußte, subjektive Kräfte die physikalischen überbauen – mit anderen Worten die Verlagerung von einem materialistischen, reduktionistischen, mechanistischen Paradigma zu einem holistischen, mentalistischen –, macht den ganzen Unterschied aus, wenn es darum geht, mit den »Wahrheiten« der Naturwissenschaft ein Gebäude ethischer Werte zu errichten.

Marxismus anders herum

Wollte man versuchen, mögliche soziale Rückwirkungen und das Ergebnis einer gesamtgesellschaftlichen Hinwendung zu einer auf die Wissenschaft gegründeten Ethik einzuschätzen, wäre es verhängnisvoll, wenn man auf den Marxismus und die kommunistische Welt als Beispiel angewiesen wäre. Unserer neuen Geist-Gehirn-Theorie und ihren Implikationen zufolge beruht die Lehre des Marxismus-Kommunismus auf einigen überholten, fundamentalen Irrtümern in der Interpretation dessen, was Wissenschaft ist und was sie im Zusammenhang mit der menschlichen Natur und mit gesellschaftlichen und weltanschaulichen Perspektiven bedeutet und impliziert. Demnach sind die in der marxistischen Lehre vertretenen Werte denen, die sich aus einem wissenschaftlichen Ansatz in unserem heutigen Kontext ergeben, beinahe diametral entgegengesetzt (3, 61).

Wenn die wachsende Konkurrenz zwischen Ländern der kommunistischen und der freien Welt auch in Zukunft zu einem Teil ihren Ausdruck im Kampf um die Anschauungen der Menschen findet – einem Kampf der Ideologien und Überzeugungen und der widerstreitenden ethischen Systeme –, dann ist es wohl gerechtfertigt, zum Schluß einige der ideologischen Wertunterschiede aufzuzeigen, die sich auftun, obwohl in beiden Fällen die Absicht dahintersteht, dualistische, aufs Jenseits gerichtete Antworten zugunsten der weltimmanenten Wahrheiten der Wissenschaft auszuschließen. Zu den Differenzen in der philosophischen Grundanschauung gehören die folgenden:

1. Zunächst und vor allem entwickelte sich die Lehre des Kommunismus im Rahmen der lange Zeit akzeptierten – heute allerdings weitgehend überholten – Auffassung, daß die Naturwissenschaft notwendigerweise eine materialistische Philosophie nach sich zieht und stützt, die jede Kausalität subjektiver geistiger Phänomene ablehnt und statt

dessen eine rein materialistische Determiniertheit von Gehirn und Verhalten postuliert.

2. Die Lehre des materialistischen Reduktionismus beherrschte die Betrachtung der Natur im allgemeinen und die des menschlichen Verhaltens im besonderen. (Siehe aber Fußnote*)

3. Im Zusammenhang mit dem oben Gesagten hat die marxistische Philosophie das Schlüsselprinzip der Verursachung nach unten nicht erkannt, jene kausale Kontrolle, die die höheren emergenten Eigenschaften in jeder Entität, sei es eine Gesellschaft oder ein Molekül, unablässig über die niedrigeren Eigenschaften ihrer Systemstruktur ausüben.

4. Als der Marxismus sich entwickelte, gab es auch keine Theorie zur Auflösung des »Sein-Sollen-Fehlschlusses« oder des traditionellen Gegensatzes, der früher Naturwissenschaft und menschliche Werte fein säuberlich voneinander trennte.

5. Zu Marx' Zeiten kannte man auch unsere heutigen Konzepte des freien Willens noch nicht, die unsere individuellen und gesellschaftlichen Entscheidungsprozesse vom mechanischen Determinismus befreien.

6. Marx sprach sich für ein stark anthropozentrisches Wertsystem aus, das den Menschen zum Maß aller Dinge macht und seinen materiellen Grundbedürfnissen vor der Qualität der Biosphäre, aber auch vor den höheren psychologischen Bedürfnissen des Menschen den Vorrang gibt. Von der Naturwissenschaft her läßt sich diese Wahl nicht rechtfertigen, und in mancher Hinsicht bedeutet sie eine Umkehrung der Natur, da sie das Wohl eines Systemteils über das Wohl des Systemganzen stellt.

Was nach Marx im Zusammenleben der Menschen grundsätzlich zählt und die Welt verändert, sind die Handlungen, mit denen der Mensch

---

* Neueren Berichten zufolge bemühen sich die Sowjets gegenwärtig darum, in einer großangelegten Kampagne ihre offizielle Philosophie aufzupolieren und in Richtungen, für die wir hier eintreten, auf den neusten Stand zu bringen, wobei sie natürlich der Bevölkerung gegenüber nicht den geringsten Irrtum zugeben und ebensowenig die historischen Wurzeln mitsamt der logischen Grundlage über Marx hinaus in den Schriften sowjetischer Autoren ausfindig machen. Wenn eine schnelle Revision der öffentlich vertretenen Philosophie und Politik vonnöten ist, sind die totalitären Staaten gegenüber den Demokratien ganz offensichtlich im Vorteil.

die für sein Überleben relevanten materiellen Bedürfnisse befriedigt, und nicht etwa sein Idealismus, seine Philosophie oder Ideologie. Er betonte, daß die materialistisch-animalistischen Bedürfnisse vorrangig sind und daß die höheren, menschlichen Bestrebungen auf den grundlegenderen Elementen beruhen und von ihnen abhängig sind. Andererseits hat Marx nicht bedacht, daß die höheren idealistischen Eigenschaften im Menschen und in der Gesellschaft, wenn sie sich erst einmal entwickelt haben, umgekehrt die niedrigeren materiellen Bedürfnisse überlagern, umfassen, kontrollieren und in ihre Obhut nehmen können, daß Natur sich in genau der Weise entfaltet und daß im übrigen auch mit Blick auf Prinzipien des Fortschritts dieses Verfahren besser funktioniert als seine Umkehrung. Eins der besten Gegenargumente zum Marxismus ist der Marxismus selbst: Die Welt wurde nicht durch Marx' Anstrengungen zur Befriedigung seiner primären Bedürfnisse verändert, sondern durch seine Philosophie, seine visionären Vorstellungen und seine kommunistische Ideologie.

Ein Wertsystem, das sein höchstes Gut im Wohl der »Partei« sieht und gleichzeitig die Ehrfurcht vor der Natur offen verachtet, trägt wenig zur Beseitigung der meisten weltweit sich verstärkenden Krisenerscheinungen bei, die heute unser größtes Problem darstellen. Die marxistische Doktrin bietet wenig Hilfe, wenn es darum geht, die Überbevölkerung unter Kontrolle zu bringen, der Umweltverschmutzung beizukommen, natürliche Ressourcen zu erhalten, die Umwelt zu schützen und vom Aussterben bedrohte Arten zu retten. Im marxistischen Materialismus ist die Natur nicht etwas, das man achten muß, sondern fast schon das Gegenteil, das heißt etwas, das bekämpft und unterjocht, umgewandelt, mechanisiert und ausgebeutet werden muß, um die (hauptsächlich materiellen) Bedürfnisse des Menschen zu befriedigen (3). Die Naturkräfte, wie Marx sie in der materialistischen Tradition interpretiert, sind blind und ohne jedes Prinzip; ihnen fehlen Qualität, Wunder und Schönheit; sie werden nicht durch unzählige Kontroll- und Ausgleichsmechanismen harmonisch gesteuert und sind auch nicht voll der schöpferischen Strategien, Anforderungen und Prinzipien, die über einen langen Zeitraum hinweg ihre Fähigkeit unter Beweis stellen mußten, die Qualität der Biosphäre einschließlich des Bewußtseins und der Geistigkeit des Menschen herzustellen, zu bewahren und zu verbessern.

Im Marxismus wird nicht die Natur vergöttert, sondern die Technik und die Produktivkraft. Fabriken und Wolkenkratzer sind die Kathedralen des Marxismus, und der wunderbare Traum besteht darin, durch den industriellen Fortschritt ganze Kontinente zu verwandeln, »riesige Bevölkerungen aus dem Boden hervorzustampfen« (61). Die Einengung der Problematik auf den Klassenkampf in einer Industriegesellschaft trägt auch nicht zur Linderung der Hauptübel bei, an denen unser Planet heute krankt, und äußert sich wiederum in Begriffen des mechanischen Determinismus, der die eher materiellen und grundlegenden Bedürfnisse und Bestandteile der menschlichen Ausstattung bestimmt, was zu Lasten der höheren psychologischen Bedürfnisse und der idealistischeren Komponenten unseres Lebens geht. Die ursächliche Kraft kognitiver Leitbilder, die unser neuer Mentalismus heute anerkennt, wurde aus Prinzip als unwesentlich abgetan. Wo nichts heilig ist und keine höhere Sinnhaftigkeit existiert (außer derjenigen der »Partei«), verliert alles seinen Sinn.

Es sei darauf hingewiesen, daß die meisten der oben angeführten Unterschiede unmittelbar aus der Anerkennung der materialistischen Philosophie folgten und in kapitalistischen Ländern genauso wie in der kommunistischen Welt schwerwiegende praktische Konsequenzen gehabt haben. Wir streiten hier nicht über persönliche oder politische, sondern über ideologische Standpunkte. Zur Debatte steht, was das Weltverständnis der Wissenschaft in bezug auf politische Leitbilder bedeutet. Jedes anthropozentrische Verharren auf den materiellen Bedürfnissen und Zielen des Menschen, auf Technik, Industrie und Produktivkraft im Verein mit einer geringschätzigen Betrachtung der Natur, ob marxistisch, kapitalistisch oder sonstwie ausgerichtet, scheint der Inbegriff der übelsten Kräfte zu sein, die uns heute eingeholt und die meisten der verhängnisvollen Krisenerscheinungen produziert haben, die unsere Zukunft bedrohen.

Zusammenfassung

Im Rahmen der aktuellen sich zuspitzenden Menschheitsprobleme und ohne geeignete Möglichkeiten, den Zuwachs der Weltbevölkerung zu kontrollieren, verlieren die langfristigen sozialen Errungenschaften aus Fortschritt in Wissenschaft und Technik an Wirkung. Gleichzeitig werden die wertrelevanten Nebenprodukte der Hirn-

Seelen-Forschung und anderer Wissenschaften in eine strategische Spitzenposition des allgemeinen Interesses gedrängt, da sie eine Schlüsselrolle bei der Suche nach letzten Kriterien für die Rangfolge politischer Zielsetzungen und neue Entscheidungsrichtlinien innehaben. Neue begriffliche Entwicklungen in den Neurowissenschaften, die dem Reduktionismus und mechanischen Determinismus auf der einen Seite und dem Dualismus auf der anderen Seite widersprechen, öffnen den Weg für eine rationale Betrachtung der Werttheorie und eine natürliche Verschmelzung der Naturwissenschaft mit Ethik und Religion. Die Naturwissenschaft kann weiterhin als der Weg gelten, auf dem wir am ehesten jene Kräfte, die das Universum hervorbrachten, es bewegen und steuern und den Menschen schufen, wirklich verstehen lernen und einen Bezug zu ihm herstellen. Damit zeichnen sich die Umrisse einer globalen Ethik ab, die einen ehrfurchtsvollen Respekt vor der Natur und der sich entfaltenden Qualität der Biosphäre fördern und aus der das Wohlergehen, die Fortentwicklung und Heiligkeit der menschlichen Psyche als oberstes, aber nicht einziges Anliegen hervorstechen würde. Die Verwirklichung solcher Werte würde genau die Art von gesellschaftlichem Wandel in Gang setzen, der uns als einziger aus dem Teufelskreis der sich zusehends verschlimmernden Weltlage herausführen könnte. Den Kindern unserer Kinder wird die Verhinderung eines Atomkriegs nicht viel nützen, wenn die Bevölkerungszeitbombe weiter tickt und andere Gefahren von weltweiter Dimension nicht unter Kontrolle gebracht werden.

Nachtrag: Der Streit um Vorrangigkeit und höchstes Gut

In seinem Buch *The Biological Origin of Human Values* (58) (Der biologische Ursprung menschlicher Werte) legt Pugh eine Werttheorie vor, die in den meisten Punkten mit der hier vorgetragenen Hierarchietheorie übereinstimmt; sie divergiert allerdings insofern, als sie den Hauptakzent auf genetische und angeborene Ursprünge legt. Pugh bezeichnet die angeborenen biologischen Werte als primär, während die eher kognitiven, erworbenen Werthaltungen, um die es hier geht, für ihn sekundär sind. Die angeborene Grundlage aller Wertsetzungen und die Tatsache, daß die höheren, erworbenen Werte sich aus den angeborenen Werten heraus entwickeln, wie Pugh betont, werden beide in unserem Modell vorausgesetzt; in unserer Theorie bleiben diese angeborenen Komponenten jedoch weitgehend unberücksichtigt, weil sie unserer Meinung nach einfach einen gemeinsamen Nenner aller menschlichen Wertsysteme darstellen. Unser Interesse gilt den Variablen und Konflikten innerhalb des Wertgeschehens beziehungsweise der Frage, wie diese in einer für die Zukunft sinnvollen Weise ausgewählt und gelöst werden können. Demgemäß liegt unser Hauptaugenmerk auf den kognitiven, rationalen, erworbenen Werten, die Pugh als sekundär bezeichnet.

Obwohl dies in mancher Hinsicht vielleicht nur eine Sache der Betonung sein mag, ist der Unterschied für uns durchaus nicht trivial und verlangt eine weitere Erläuterung. Wenn Pugh den grundlegenderen, primitiveren oder animalistischeren Werten, die durch die Evolution eingebaut wurden, den Vorrang gibt, übersieht oder verwirft er – wie der Marxismus, der Behaviorismus und die Soziobiologie – das Schlüsselprinzip des emergenten Determinismus beziehungsweise der Kontrolle nach unten, das in der vorliegenden Abhandlung immer wieder hervorgehoben wurde und durch das die höher entwickelten Entitäten innerhalb eines Systems das Funktionieren der grundlegenderen Komponenten, aus denen sie sich gebildet und entwickelt haben, kontrollieren können.

Mir ist völlig klar, daß den Wertsystemen des Menschen viel Biologisches und Animalistisches anhaftet. Von größerer Bedeutung ist aber meines Erachtens die Tatsache, daß die höheren rationalen und ausschließlich menschlichen Eigenschaften die niedrigeren biologischen Eigenschaften transzendieren und unter ihre Kontrolle bringen können, wie beispielsweise dann, wenn ein Mensch sich auf einem öffentlichen Platz selbst verbrennt, die Arbeit niederlegt, in einen Hungerstreik tritt oder sich auf andere Weise für ein »höheres Ziel« einsetzt. Mit der Behauptung, die sogenannten sekundären, erworbenen Werthaltungen könnten die angeborenen Werte nicht verdrängen, steht Pughs Theorie in unmittelbarem Widerspruch zu der hier vorgelegten Auffassung.

In meinem Modell ist die Wertstruktur ein Komplex ineinander verschachtelter Mannigfaltigkeiten, in dem Werthierarchien ihrerseits hierarchisch geordnet sind. Werte auf verschiedenen Ebenen können dabei miteinander harmonieren oder einander widersprechen. Stehen sie im Gegensatz zueinander, kann der höhere Wert die Kontrolle über den niedrigeren gewinnen oder umgekehrt. Es ist allerdings ein typisches Merkmal der zivilisierten Einzelperson oder Gesellschaft, daß die natürlicheren, biologischen Werte, die auf unserer evolutionären Abstammung beruhen, in immer stärkerem Maße von den höheren, kognitiven, erworbenen Leitvorstellungen abgelöst und kontrolliert werden, die wir aus Religion, Kultur, Recht, Vernunft und so weiter beziehen.

In diesen Hierarchien kommt dem Konzept des höchsten Guts eine entscheidende Rolle als Hauptbestimmungsfaktor der Wertstruktur zu. Das höchste Gut und das, was als heilig gilt, finden wir an der Spitze der Werthierarchie: Diese Elemente bestimmen über die untergeordneten Wertsetzungen und die Form, die das »gute Leben« im ganzen haben soll. Im Gegensatz zu den angeborenen Werten ist die Vorstellung von dem, was als heilig gilt, nicht bei allen Völkern und Glaubensgemeinschaften dieselbe und aufgrund von Erkenntnis- und Lernprozessen ständigem Wandel ausgesetzt. Die Werte, auf die es ankommt, sind weder von Natur aus festgelegt noch absolut oder unwandelbar. Das menschliche Gehirn ist in der Lage, sein geistiges Augenmerk auf neue, über die angeborenen Triebe erhabene Leitideen zu richten und seine Werthaltungen entsprechend anzupassen. Das Interesse an menschlichen Werten und die Bemühungen, Korrektive für eine zeitgemäße, höher entwickelte, besser begründete und verfeinerte Ethik für unsere gegenwärtige ebenso wie für die zukünftige Welt zu finden, können sich auf die eine Frage konzentrieren, was für uns das Heiligste sein sollte.

Bei der Entstehung von Werten haben sich für mich zwei Hauptkategorien von Bestimmungsvariablen, nämlich »innere« und »äußere«, herausgebildet, die als Kofunktionen auftreten und von denen jede zu einer ganzen Skala von Alternativen gehört; Entscheidungen innerhalb dieser Möglichkeiten bedeuten maßgebliche Unterschiede in der Gestaltung der individuellen Werthierarchie. Unter den äußeren Faktoren ziehe ich durchweg das Weltbild und die Art von Realität vor, die ihre Bestätigung aus der Naturwissenschaft und nicht aus anderen Quellen beziehen. Unter den »inneren« oder »einstellungsbedingten« Variablen haben die höher entwickelten den Vorzug gegenüber den weniger entwickelten, und das bedeutet auch, daß die rationaleren, kognitiveren Determinanten höher eingestuft werden als die angeborenen, biologischen Faktoren, die in Pughs Theorie Vorrang haben.

Jeder geistig-seelische Zustand hat mehr oder minder seine eigenen Wertbezüge. Im Kopf eines Menschen, der eine Woche lang Hunger leiden mußte, bekommt alles, was mit Essen zu tun hat, einen ganz besonderen Wert. Für einen, der arbeitslos oder in einer finanziellen Notlage ist, gewinnen die Mittel zur Sicherung des eigenen Überlebens absoluten Vorrang vor weniger unmittelbaren Sorgen wie Natur- und Umweltschutz und so weiter. Bei den meisten Menschen haben unmittelbare persönliche Bedürfnisse fast immer die Tendenz, die Wertstruktur zu beherrschen und transzendierende Werte in bezug auf das langfristige Wohl der Erde oder der Menschheit im ganzen zu unterdrücken. Nur in den höheren psychischen Zuständen, die über unmittelbare persönliche Ansprüche hinausgehen, kann man hoffen, die Art von Wertpräferenzen zu finden, die wir heute auf nationaler wie internationaler Ebene brauchen, wenn wir den gegenwärtigen Kurs eines allgemeinen Niedergangs noch aufhalten wollen.

Diese höheren Wertperspektiven des transzendierenden Bewußtseins, die den Menschen vom Tier und den Zivilisierten vom Primitiven trennen, können dazu veranlaßt werden, die Auswirkungen von Werten auf niedrigerer Stufe zu kontrollieren (auch wenn Marx, Pugh und die Soziobiologie da anderer Meinung sind). Das kann auf vielerlei Weise geschehen, etwa aufgrund von Gesetzen, religiöser Hingabe oder sogar schlichter Willenskraft. Ein wesentlicher Punkt meiner Argumentation ist ja, daß wir nur gewinnen können, wenn wir uns aktiv darum bemühen, die korrigierende Wirkung dieser höher entwickelten, rationalen Werte des transzendierenden Bewußtseins zum Tragen zu bringen, um die weniger entwickelten abzulösen, die zusammen mit den aufs Jenseits ausgerichteten Wertauffassungen derzeit noch dominieren, sich aber als unbrauchbar erweisen. Um den vielen natürlichen, ganz unmittelbaren sozialen Anforderungen, in die die Welt sich immer tiefer zu verstricken scheint, zu begegnen und sie zu überwinden, bedarf es einer höheren, äußerst machtvollen Vision.

Zum erstenmal in der Geschichte der Menschheit haben die globalen Zustände ein Stadium erreicht, das nach Wertperspektiven verlangt, die nicht nur über die angeborenen biologischen Triebe, sondern sogar über die traditionellen humanistischen Leitvorstellungen hinausgehen, die jahrhundertelang respektiert worden sind. Was heute überaus human, mitfühlend und staatsbürgerlich wie moralisch untadelig erscheinen mag, erweist sich vielleicht später aus der Sicht der vielen hundert hoffentlich noch folgenden Generationen als höchst inhuman, grausam und sündhaft. Sogar für das unmittelbare Wohl unserer eigenen Generation wird es jetzt wichtig, daß neue langfristige, gottähnlichere Leitvorstellungen – die einen langen Fortbestand und eine Steigerung der Lebensqualität zu garantieren vermögen – in allernächster Zukunft geschaffen werden, falls die Menschheit wieder mit einem Gefühl von Hoffnung, Ziel und höherem Sinn leben will.

Nachweis der Druckorte

Werte – Das Hauptproblem unserer Zeit

Dieser erste Versuch, einigen der Wertimplikationen, die sich aus dem veränderten Bewußtseinskonzept ergeben, nachzugehen, sollte ursprünglich ein Vortrag für ein Symposium über »Biologische Kontrollen und menschliche Werte« anläßlich einer Hundertjahrfeier an der Ohio State University im Mai 1970 werden, das jedoch nach den Krawallen an der Kent State University kurzfristig abgesagt wurde. Der Vortrag wurde dann 1971 innerhalb des Honors Program* über »Erde und Mythos« der University of Houston unter dem Titel »Wert und Glaube in einer wissenschaftlichen Welt« gehalten. Die hier vorliegende Fassung wurde unter dem Titel »Naturwissenschaft und Wertproblem« im Februar 1972 von Dwight Ingle zur Veröffentlichung angenommen; Ingle ist Herausgeber von *Perspectives in Biology and Medicine* (Perspektiven in Biologie und Medizin) und ein Freund und Kollege von Ralph Burhoe, dem Gründer von *Zygon, Journal of Religion and Science* (Zygon, Zeitschrift für Religion und Wissenschaft). Burhoe zeigte sich damals besonders interessiert und erkannte bald die Wertimplikationen der neuen Auffassungen in der Hirn-Seelen-Forschung. Noch im selben Jahr startete Burhoe einen neuen Vorstoß in das Gebiet der Werte und schlug vor, in Chicago das *Center for Advanced Studies in Religion and Science* (Zentrum für wissenschaftliche Forschung in Religion und Naturwissenschaft) zu gründen. Der vorliegende Text wurde mit freundlicher Genehmigung der University of Chicago Press aus *Perspectives in Biology and Medicine,* Bd. 16 (1972) abgedruckt.

Das Anliegen dieser 1972 formulierten Gedanken hat bis heute seine Gültigkeit behalten und mit der Zeit noch an Unterstützung gewonnen; unter den Förderern ist unter anderen Lester R. Brown, der Leiter des Washingtoner World Watch Institute, dessen letztes Buch *Building a Sustainable Society* (Aufbau einer erhaltenswerten Gesellschaft) mit dem Kapitel »Wandel der Werte und Prioritätenverlagerung« schließt. Darin ist der Autor mit mir der Meinung, daß »Werte der Schlüssel zur Entwicklung einer erhaltenswerten Gesellschaft sind, nicht nur, weil sie das Verhalten beeinflussen, sondern auch, weil sie die Prioritätensetzung einer Gesellschaft und damit ihre Über-

---

* Das Honors Program ist ein anspruchsvolles Studienangebot für besonders begabte Studenten, das den normalen Kurs ersetzt oder ergänzt. A. d. Ü.

lebensfähigkeit bestimmen«. Wegen ihrer Aktualität und Verständlichkeit sind Browns Gedanken zu diesem Problem unbedingt zu empfehlen.

Geist, Gehirn und humanistische Wertvorstellungen

Diesen allgemeinverständlichen Vortrag habe ich im Mai 1965 auf die Bitte hin gehalten, in einer öffentlichen »Montagsvorlesung« an der University of Chicago einen nicht spezialisierten geisteswissenschaftlichen Beitrag zu leisten; einige Monate darauf erschien er bei University of Chicago Press in dem von John Platt herausgegebenen Buch *New Views of the Nature of Man* (Neue Ansichten über die Natur des Menschen). Der hier vorliegende Abschnitt über den freien Willen stammt aus einer späteren, gekürzten Fassung die 1966 im *Bulletin of Atomic Scientists* nochmals abgedruckt wurde. Die wesentlichen Punkte dieser neuen Interpretation des Bewußtseins hatte ich zwar bereits ein Jahr zuvor in meiner James-Arthur-Vorlesung beiläufig erwähnt, aber dies war der erste ausführliche Aufsatz darüber und mein erstes öffentliches Bekenntnis zur mentalistischen Position, mit der sich die übrigen Texte in diesem Buch befassen. Obwohl dieser Aufsatz, der Mitte der sechziger Jahre entstand, die eigentliche Grundlage und den entscheidenden Wendepunkt für meine neue Philosophie darstellt, kommt er hier erst an zweiter Stelle, weil das erste Kapitel umfassender und direkter in den thematischen Schwerpunkt des ganzen Buchs einführt.

Der letzte Bezugsrahmen

Dieser Aufsatz ist das Manuskript einer Rede, die ich im November 1976 in Washington, D. C., auf der Fünften Internationalen Konferenz über die Einheit der Naturwissenschaften hielt, die von der International Cultural Foundation veranstaltet und von Sir John Eccles geleitet wurde.

Botschaften aus dem Labor

Dieses Kapitel stammt aus dem Hauptteil einer Dankesrede, die ich im April 1973 bei einem Dinner in Atlantic City anläßlich der Entgegennahme des Passano Foundation Award für Medizin hielt. Ich danke Edward Hutchings für seine wertvollen redaktionellen Hinweise vor ihrer ersten Veröffentlichung im Jahr 1974 in der Zeitschrift *Engineering and Science* des California Institute of Technology.

Eine Brücke zwischen Naturwissenschaft und Werten

Dieses Kapitel ist die Bearbeitung eines Referats, das ich im Februar 1975 auf einer Tagung für Psychobiologen und Philosophen an den Claremont Colleges, California, vortrug. Spätere Versionen waren im Dezember 1975 auf der Internationalen Konferenz über die zentrale Stellung von Wissenschaft und absoluten Werten in New York und im Februar 1976 auf einer Tagung der American Association for the Advancement of Science in Boston zu hören. Die vorliegende Fassung aus dem *American Psychologist* Bd. 32 (1977) wurde mit freundlicher Erlaubnis der American Psychological Association nachgedruckt.

Die Wechselwirkung zwischen Geist und Gehirn – Mentalismus: Ja, Dualismus: Nein

Das Kapitel sollte zunächst in einem Buch über die Wechselwirkung zwischen Gehirn und Geist erscheinen, das D. L. Wilson, P. Glotzbach und M. Ringle geplant hatten und dessen Beiträge um die Abhandlung des Interaktionismus in dem Buch *The Self and Its Brain* von Karl Popper und John Eccles kreisen sollten. Der Band sollte eine Antwort von Popper und Eccles enthalten, die jedoch später zurückgezogen werden mußte, woraufhin das ganze Buchprojekt platzte. Der Artikel wurde schließlich in der Zeitschrift *Neuroscience*, Bd. 5 (1980) veröffentlicht und hier mit freundlicher Genehmigung der Society for Neuroscience abgedruckt.

Ein Wandel der Prioritäten: Für einen Zusammenschluß der Naturwissenschaft mit Ethik und Religion

Dieser jüngste Aufsatz der ganzen Sammlung wurde Anfang 1980 verfaßt, nachdem man mich gebeten hatte, ein einleitendes Kapitel für die damals anstehenden *Annual Reviews of Neuroscience* zu schreiben. Er enthält eine Zusammenfassung von vielen Kernpunkten der anderen Artikel und bietet am ehesten einen Überblick über das Thema des Buchs im ganzen.

Konvergenz

von Ruth Nanda Anshen

»Ich brauche es gar nicht erst zu versuchen«, sagte Alice, »wir *können* unmögliche Dinge *nicht* glauben.«

»Ich vermute eher, daß du einfach noch keine Praxis hast«, erwiderte die Königin. »Als ich so alt war wie du, habe ich es jeden Tag eine halbe Stunde lang praktiziert. Ja, manchmal habe ich sogar vor dem Frühstück schon sechs unmögliche Dinge geglaubt.«

Was die Königin dem Mädchen da anvertraut, ist ein Bestandteil der menschlichen Natur und gehört zu unserer Kreativität. Mit jedem wissenschaftlichen Fortschritt lernen wir, die schöpferischen Kräfte, die den Kosmos in Bewegung halten und den Menschen geschaffen haben, in ihrer Art, ihrer Bedeutung und ihrem wunderbaren Wirken besser zu verstehen und zu schätzen. Solche Offenheit und solches Vertrauen führen zum Glauben an die Realität der Möglichkeit und schließlich zu folgender Wahrheit: »Das Geheimnis des Universums ist seine Begreifbarkeit.«

Mit dieser provozierenden Behauptung hätte Einstein unsere Beziehung zum Universum meinen können. Die alte Einteilung der Erde und des Kosmos in objektive Vorgänge in Zeit und Raum und den Verstand, in dem sie widergespiegelt werden, ist kein geeigneter Ausgangspunkt mehr, wenn wir das Universum, die Naturwissenschaft oder uns selbst verstehen wollen. Die Naturwissenschaft fängt langsam an, ihr Augenmerk auf die Konvergenz von Mensch und Natur zu richten, auf das System, das uns als Lebewesen zu abhängigen Bestandteilen der Natur, zugleich aber die Natur zum Gegenstand unseres Denkens und Handelns macht. Naturwissenschaftler können dem Universum nicht mehr als objektive Beobachter gegenübertreten. Die Naturwissenschaft geht heute davon aus, daß der Mensch am Universum teilhat. Unter quantitativen Aspekten ist es für das Universum relativ gleichgültig, was im Menschen vor sich geht. Unter qualitativen Gesichtspnkten geschieht jedoch im Menschen nichts, was sich nicht auf die konstituierenden Elemente des Universums auswirken würde. Das verleiht der einzelnen Person eine kosmische Bedeutung.

Indes gilt nicht für alle Tatsachen der Grundsatz der Freiheit und Gleichheit: Es gibt eine Hierarchie von Tatsachen in Zusammenhang mit einer Hierarchie von Werten. Um die Tatsachen richtig ordnen, die wichtigen von den unbedeutenden unterscheiden und ihre Tragweite in bezug auf die übrigen und auf Bewertungskriterien ermessen zu können, bedarf es eines ebenso intuitiv wie empirisch vorgehenden Urteilsvermögens. Der Mensch braucht nicht bloß Informationen, er braucht auch Sinn. Exaktheit ist nicht dasselbe wie Wahrheit.

Unsere Hoffnung besteht darin, daß wir die kulturelle *Hybris* überwinden, in der wir bisher gelebt haben. Die naturwissenschaftliche Methode, die Technik des Analysierens, Erklärens und Klassifizierens, ist offensichtlich an ihre natürlichen Grenzen gestoßen. Sie erheben sich dort, wo die Naturwissenschaft vermutet, durch ihren Eingriff den Gegenstand ihrer Untersuchung zu modifizieren und zu formen. In Wirklichkeit können Methode und Objekt nicht mehr voneinander getrennt werden. Die überholte kartesianische naturwissenschaftliche Weltsicht ist im strengsten Sinne des Wortes nicht mehr wissenschaftlich, denn ein gemeinsames Band vereint uns alle – Mensch, Tier, Pflanze und Galaxis – im Einheitsprinzip aller Realität. Denn das Selbst ohne das Universum ist leer.

Das Universum, von dem wir Menschen kleine Partikel sind, kann man vielleicht als einen lebendigen, dynamischen Entfaltungsprozeß beschreiben. Es ist ein atmendes Universum, wobei sein Atem nur einer seiner vielen Lebensrhythmen ist. Es ist die Evolution selbst. Obwohl das, was wir beobachten, als eine Gemeinschaft von separaten, unabhängigen Einheiten erscheinen mag, bestehen diese Einheiten in Wirklichkeit aus Untereinheiten, jede mit ihrem eigenen Leben, und die Untereinheiten stellen kleinere, lebende Gebilde dar. Auf keiner Stufe in der Hierarchie der Natur gibt es wirklich Unabhängigkeit. Denn das, was lebt und die Materie ausmacht, organische wie anorganische, hängt von einzelnen Gebilden ab, die zusammengenommen Aggregate neuer Einheiten bilden, die ihrerseits unterstützend aufeinander einwirken und zu einem sich entwickelnden Phänomen werden; sie sind ständig in Bewegung, und ihre Struktur wird immer komplizierter und verwickelter.

Hat die Evolution bestimmte Ziele? Oder gibt es nur erkennbare

Muster? Gewiß gibt es ein Gesetz der Evolution, mit dem wir das Auftauchen von Arten erklären können, die zu wirklich neuartigen Aktivitäten fähig sind. Vielleicht lassen sich auch einzelne Beispiele für den Ursprung des Lebens, das Auftauchen des individuellen Bewußtseins und das Auftreten der Sprache anführen.

Die Autoren der Serie »Convergence« hoffen zeigen zu können, daß Evolution und Entwicklung austauschbar sind und daß das gesamte System der Verflechtung von Mensch, Natur und Universum eine lebendige Ganzheit bildet. Der Mensch sucht seinen rechtmäßigen Platz in dieser Einheit, diesem kosmischen Entwurf der Dinge. Der Sinn dieses kosmischen Plans – wenn wir dem Geheimnis und der Erhabenheit der Natur überhaupt einen Sinn zuweisen können – und das Maß der Verantwortung, die wir als einzige intelligenzbegabte Wesen in ihm übernehmen können, sind entscheidende Fragen, auf die diese Serie eine Antwort sucht.

Wenn gegen Ende einer historischen Periode Denk- und Lebensgewohnheiten zur Unbeweglichkeit erstarrt sind und die ausgefeilten Mechanismen der Zivilisation unsere edleren Regungen hemmen und unterdrücken, beginnt das Leben zwangsläufig, sich unter der harten Oberfläche wieder zu rühren. Dennoch ist dieser Versuch einer Bestimmung der Zielsetzung von »Convergence« mit tiefgehenden Ängsten befrachtet. Wir leben in einer Zeit äußerster Finsternis. Moralische Verkümmerung und zerstörerische Energie machen sich in uns breit, während wir zusehen, wie bisher hochgehaltene Werte zusammenbrechen – weil sie jetzt verraten werden. Wir scheinen einem apokalyptischen Schicksal Auge in Auge gegenüberzustehen. Die Anomie, das Chaos, um uns herum führt zu einem nahezu tödlichen Zerfall der Person und darüber hinaus zu einer ökologischen und demographischen Katastrophe. Unsere Situation ist ausweglos. Und diese tiefe, ungelöste Tragödie, die unser Leben erfüllt, läßt sich nicht wegleugnen. Die Naturwissenschaft fängt jetzt an, ihre eigenen Prämissen zu hinterfragen und sagt uns nicht nur, was *ist*, sondern was sein *sollte*; Ordnung und Hierarchie werden so miteinander versöhnt.

Meine Beschreibung der Serie »Convergence« versteht sich nicht als Nachwort zu jedem einzelnen Band. Ich will auf diesen wenigen Seiten versuchen, die allgemeine Zielsetzung der Serie zu erläutern. Ich hoffe, meine Darstellung möge dem Leser eine neue Denkrichtung eröffnen, die jene Gelehrten dann genauer umschreiben werden, die wir aufgefordert haben, diese heute so bitter nötige intellektuelle, geistige und moralische Bemühung mitzutragen. Diese Gelehrten erkennen die Bedeutung der nicht diskursiven Lebenserfahrung an, die durch die diskursive, analytische Methode allein nicht vermittelt werden kann.

Die Autoren, die um einen Beitrag zur Serie »Convergence« gebeten wurden, sehen eine strukturelle Beziehung zwischen Subjekt und Objekt, zwischen lebender und toter Materie, in der die Immanenz des Vergangenen dem Gegenwärtigen Energie verleiht und damit ein Versprechen für die Zukunft enthält. Diese Beziehung ist schon vor langer Zeit von den Mystikern empfunden und erfahren worden. Der heilige Franz v. Assisi fand außergewöhnlich schöne Worte für die Wahrheit, daß wir, je mehr wir über die Natur und ihre Einheit mit allem Leben wissen, um so deutlicher erkennen, daß wir eine Familie bilden und aufgefordert sind, zu unseren engen verwandtschaftlichen Beziehungen mit dem Universum zu stehen. Früher waren wir so sehr auf uns selbst bezogen, daß wir von einer Verwandtschaft mit Tieren, Pflanzen, Milchstraßensystemen oder anderen Spezies – und erst recht nicht mit der anorganischen Materie –, die uns als minderwertig galten, nichts wissen wollten. Damit entlarvten wir nur unseren Provinzialismus. Dann glaubten wir, es gäbe Grenzen, die wir nicht überschreiten könnten oder dürften. Diese Grenzen haben nie existiert. Jetzt fangen wir an, von unseren Nachbarn im Kosmos Notiz zu nehmen, ja, stolz auf sie zu sein.

Unser Denken ist über Jahrhunderte menschlichen Bewußtseins hinweg durch Wahrnehmungen und Bedeutungen geformt worden, die uns mit der Natur verbinden. Die kleinste lebende Einheit, ob Molekül oder Teilchen, ist zugleich in der Struktur der Erde und in all ihren Bewohnern zugegen, seien es nun Menschen oder andere Erscheinungsformen der Vielfalt des Lebens.

Langsam beginnen wir, uns dieser veränderten Bewußtseinserfahrung zu öffnen. Wir erkennen ganz klar, daß der Mensch in den Evolutionsprozeß eingegriffen hat. Die Zukunft ist vom Zufall bestimmt und uns nicht gänzlich vorgeschrieben, sehen wir einmal von der unmittelbaren Notwendigkeit ab, Werte aufzustellen, um ein Leben in moralischer Integrität führen zu können. Die Last der Veränderung liegt heute nicht mehr so sehr auf der genetischen als vielmehr auf der kulturellen Evolution. Die genetische Evolution hat mehrere Millionen Jahre gebraucht; die kulturelle Evolution ist ein Kind von nicht mehr als zwanzig- oder dreißigtausend Jahren. Wie wird unsere Entwicklung in Zukunft verlaufen? Im klassischen Sinn zyklisch? Oder im modernen Sinn linear? Nun wissen wir ja, daß die Naturgesetze nicht linear aufgebaut sind. Sicher ist das Leben mehr als nur eine endlose Wiederholung. Wir müssen jedem Augenblick, jeder Handlung die ihnen gebührende Bedeutung zurückgeben. Das ist unmöglich, wenn die Zukunft nur eine mechanische Extrapolation der Vergangenheit ist. Menschliche Würde ist an die Möglichkeit freier Wahl gebunden. Wir haben die Wahl.

Vor diesem Hintergrund zeigt die Evolution, wie der Mensch durch eine dem Universum innewohnende schöpferische Kraft entstanden ist. Die enorme Vererbungsleistung, die den Menschen geboren hat, legt eine kosmische Verantwortung in seine Hände. Michelangelos Bild des Adam, der durch Gottes befehlendes Wort erschaffen wird, führt uns unsere Stellung in der Welt viel besser vor Augen als die Beschreibung des Menschen, die uns als Zufallsaggregate aus Atomen oder Zellen darstellt. Jedes weitere Stadium in der emergenten Entwicklung ist umfassender, bedeutungsvoller, leistungsfähiger und dem Ziel näher als das vorherige. Dennoch muß eine höhere Kraft immer durch die Stufen wirken, die unter ihr liegen. Sie muß die Gesetze, die für die niedrigeren Stufen gelten, in den Dienst höherer Prinzipien stellen, und die niedrigere Stufe, die der höheren das Funktionieren überhaupt erst erlaubt, wird die Bandbreite dieser Operationen bestimmen und sogar ihr Gelingen in Frage stellen. All unsere höheren Bestregungen sind auf unsere niedrigeren Formen angewiesen und dadurch notwendigerweise der Korruption ausgesetzt. Daran erkennen wir vielleicht die kosmischen Wurzeln der Tragödie und die Ungewißheit unseres Daseins. Die Sprache als die Macht der Allgemeinbegriffe ist selbst der grundlegende Ausdruck für die Fähigkeit des Menschen, seine Umgebung zu transzendieren und die Tragödie in einen geistig-moralischen Triumph zu verwandeln.

Diese konvergierende Beziehung des Höheren zum Niedrigeren kommt auch wieder zum Tragen, wenn eine höhere Stufe wie das Bewußtsein oder die Freiheit des Menschen über sich selbst hinauszuweisen versucht. Wenn eine höhere Stufe nicht durch das Wirken einer niedrigeren zu erklären ist, kann keine unserer Bemühungen wirklich schöpferisch sein, das heißt höhere Prinzipien aufstellen, die nicht schon in unserer Ausgangssituation angelegt waren. Und die Aufstellung eines solchen Prinzips ist es, worauf alles bedeutende künstlerische Schaffen, alles erhabene Denken und Handeln ausgerichtet sein muß. Genau so haben nämlich diese Leistungen das Erbe aufgebaut, in dem unsere Existenz heute weiterwächst.

Hat der menschliche Verstand die Grenzen seiner Möglichkeiten durchbrochen? Ja und nein. Erfinderisches Bemühen kann seinen Erfolg nie erschöpfend erklären. Die Geschichte der menschlichen Entwicklung zeugt aber von der Existenz einer schöpferischen Kraft, die über diejenige hinausgeht, die wir in uns selbst kennen. Diese Kraft kann uns über uns hinauswachsen lassen. Ein bißchen davon steckt in der einfachen Kunst, Wissen zu erwerben und für wahr zu halten. Dabei streben wir nämlich nach verstandesmäßiger Kontrolle über Dinge, die außerhalb von uns liegen, obwohl wir ganz offensichtlich unfähig sind, diese Hoffnung zu rechtfertigen. Die größten Leistungen des menschlichen Geistes sind nichts anderes als das. Alle derartigen Versuche enthalten die Verpflichtung, nach dem scheinbar Unmöglichen zu streben, und veranschaulichen damit die Suche des Menschen nach Verwirklichung jener Ideale, die im Augenblick außerhalb seiner Reichweite zu liegen scheinen. Denn das Gute einer moralischen Tat ist der Tat inhärent und hat die Macht, den Menschen, der sie vollbringt, zu adeln. Wo diese moralische Komponente fehlt, herrscht Korruption.

Die Herkunft eines Menschen kann man sich vergegenwärtigen, indem man seinen Familienstammbaum bis zu den Urpartikelchen des Protoplasmas zurückverfolgt, wo seine Anfänge liegen. Die Geschichte des Familienstammbaums konvergiert mit allem, was zur Entstehung des Menschen beigetragen hat. Dieser Abschnitt innerhalb der Evolution entspricht der Entwicklung vom befruchteten Ei zur ausgereiften Person oder vom Samenkorn zur Pflanze; er umfaßt alles, was das Zustandekommen dieser einen Person, dieser einen Pflanze, dieses Tieres oder dieses Sterns in einer Milchstraße bewirkt hat. Die natürliche Selektion spielt in der Entwicklung eines menschlichen Individuums keine Rolle. Zum Wachstumsmechanismus gehören ja auch nicht alle möglichen Widrigkeiten, die ihm nicht widerfahren sind und ihn folglich nicht verhindert haben. Dasselbe Prinzip gilt für den Entwicklungsprozeß eines einzelnen Menschen; wir verstehen diesen Prozeß nicht besser, wenn wir die widrigen Zufälle in Betracht ziehen, die ihn vielleicht hätten verhindern können.

Bei unserer Suche nach einem vernünftigen Verständnis des Kosmos ziehen wir in erster Linie unsere Allgemeinbildung zu Rate. Die Wissenschaft stützt sich in ihren Inhalten weitgehend auf eine allgemeine Erkenntnis der Dinge. Begriffe wie Leben und Tod, Pflanze und Tier, Gesundheit und Krankheit, Jugend und Alter, Körper und Geist, Maschine und technische Vorgänge und unzählige andere, ebenso wichtige Dinge sind allgemein bekannt. All diese Begriffe beziehen sich auf komplexe Entitäten, deren Realität von einer Erkenntnistheorie angezweifelt wird, die die Forderung aufstellt, das ganze Universum sollte letztlich in all seinen Aspekten anhand der physikalischen Gesetze dargestellt werden, denen das unbelebte Substrat der Natur gehorcht. »Technologische Unausweichlichkeit« hat den Menschen von der Natur, von anderen Menschen, von sich selbst entfremdet. Urteil, Entscheidung und freie Wahl, das heißt *Erkenntnis*, die einen moralischen Imperativ enthält, kann nicht so verordnet werden, wie manche Technologen glauben. Es gibt nämlich keine mechanische Befehlsfolge, keine erschöpfende Methode des Vertauschens und Kombinierens, die diese Aufgabe übernehmen könnte. Die Macht, die die Menschheit mit Hilfe der Technik errungen hat, ist zu einer geistigen und moralischen Ohnmacht geworden. Ohne die Einsicht in das Wesen des *Seins*, wichtiger noch als das des *Tuns*, ist die Seele des Menschen gefährdet. Und jene über ihn selbst hinausweisenden Ziele, die ihm und seinem Leben letzten Endes Würde, Sinn und Identität verleihen, bilden die einzigen höchsten Werte, die es anzustreben gilt. Die allgemeine Bewußtseinsverschmutzung ist das Ergebnis rein technischer Leistungsfähigkeit. Im übrigen erkennen die Autoren dieser Serie, daß der Computer von sich aus zwar Information, aber keinen Sinn verarbeiten kann. Damit sehen wir auf der Bühne des Lebens keine moralischen Akteure, sondern nur anonymes Geschehen.

Unsere neue Erkenntnistheorie, wie die Autoren dieser Serie sie darzulegen versuchen, verwirft die eben beschriebene Forderung und stellt unsere Achtung vor dem reichen Schatz der allgemeinen Erkenntnis wieder her, den wir durch unsere Erfahrung der Konvergenz erworben haben. Davon ausgehend werden wir unsere kosmische Perspektive skizzieren, indem wir die Hintergründe der Tatsache erforschen, daß wir alles Wissen aufgrund von Verwandtschaft, Verschmelzung und Konvergenz erwerben und besitzen.

Wir erkennen das Aussehen eines Menschen anhand von Merkmalen, die wir unmöglich im einzelnen benennen können; wir lassen seine Züge in unserer Vorstellung zusammenlaufen, damit wir ihre gemeinsame Bedeutung verstehen können. Ebenso besitzen wir die Fähigkeit, an den Gesichtszügen und dem Verhalten eines Individuums Stimmungen, plötzliche Einfälle, die Reaktion auf Tiere, einen Sonnenuntergang oder eine Fuge von Bach oder Zeichen von Gesundheit, Verantwortungsbewußtsein und Erfahrung abzulesen. Auf einer niedrigeren Ebene verstehen wir aufgrund eines ähnlichen Mechanismus den Körper eines Menschen mitsamt den Funktionen des physiologischen Ablaufs. Wir wissen, daß sogar physikalische Theorien die Vorgänge in der unbelebten Natur auf diese Weise zusammenfügen. Diese sind die verschiedenen Ebenen des Wissens, das wir durch die Erfahrung der Konvergenz erworben haben und beherrschen.

Die Autoren unserer Serie haben die Tatsache begriffen, daß diese Ebenen eine Hierarchie jeweils einander einschließender Entitäten bilden. Die anorganische Materie ist durch physikalische Gesetze erfaßt; die physiologischen Vorgänge bauen auf diesen Gesetzen auf und machen sie sich zunutze. Vernünftiges menschliches Verhalten wiederum stützt sich auf das Funktionieren des Körpers, und moralische Verantwortung schließlich auf die Fähigkeiten des Verstandes, zu moralischem Handeln anzuleiten.

Uns wird klar, daß die Wirkungsweise von Maschinen und von Mechanismen im allgemeinen auf den Gesetzen der Physik beruht, aber nicht durch sie erklärt oder gar begründet werden kann. In einer hierarchisch abgestuften Folge jeweils einander einschließender Ebenen steht jede höhere Ebene zu den niedrigeren im selben Verhältnis wie das Funktionieren einer Maschine zu den Einzeloperationen, entsprechend den Gesetzen der Physik. Wir können aber die Wirkungsweise einer höheren Stufe nicht mit den Einzelheiten erklären, auf denen sie beruht. Jede höhere Integrationsstufe stellt in diesem Sinn eine höhere Existenzebene dar, die durch die untergeordneten Ebenen nicht vollständig erklärt werden kann und sie dennoch implizit einschließt.

In einer solchen Hierarchie ist uns jede höhere Stufe vertraut, weil wir auf unsere Kenntnis der Einzelheiten auf der nächsttieferen Stufe bauen können. Unser Wissen über jede Stufe erwerben wir dadurch, daß wir ihre Einzelheiten verinnerlichen und im Geist die Integration vollziehen, durch die sie entstanden ist. So beruht alle Erfahrung wie auch alle Erkenntnis auf Konvergenz und die aufeinanderfolgenden Stadien der Konvergenz bilden auf diese Weise einen fortlaufenden Übergang vom Begreifen des Anorganischen, Unbelebten, zum Verständnis der moralischen Verantwortung des Menschen und seiner Teilhabe an der Totalität, dem organischen Ganzen aller Realität. Die Wissenschaften von der Subjekt-Objekt-Beziehung gehen so unmerklich über in die Metawissenschaft von der Konvergenz der Subjekt-Objekt-Wechselbeziehung, in der beide sich gegenseitig verändern. Von der geringsten Annäherung, die wir bei einer physikalischen Beobachtung vornehmen, bewegen wir uns unablässig auf die größte Annäherung zu, die eine totale Bindung darstellt.

»Das Letzte des Lebens, für das das Erste gemacht wurde, liegt noch in der Zukunft.« Deshalb hat »Convergence« die am stärksten daran interessierten Denker der Welt aufgefordert, die Erfahrung des *Fühlens* wie auch des Denkens wiederzuentdecken. Das Zusammenlaufen aller Formen von Realität ist Voraussetzung für die mögliche Verwirklichung von Selbstbewußtsein – nicht das isolierte, entfremdete Selbst, sondern die Teilhabe am gesamten Fortgang des Lebens zusammen mit anderen Lebewesen und Daseinsformen. Konvergenz ist eine kosmische Kraft, der es vielleicht gelingt, den Menschen zu befreien und zu dem werden zu lassen, was er ist: fähig zu einem Leben in Freiheit, Gerechtigkeit und Liebe. So erfährt der Mensch, was Gnade bedeutet.

Es ist nicht etwa ein weiteres Ziel dieser Serie (und könnte es auch gar nicht sein), die Naturwissenschaften in Verruf zu bringen. Dafür sind die Autoren selbst ja schon ein ausreichender Beweis. Sieht man sich an, welche Rolle die Naturwissenschaft spielt, gelangt man allerdings zu einer viel maßvolleren Einschätzung ihrer Funktion innerhalb unseres gesamten Wissensschatzes. Ursprüngliches Wissen haben wir wahrscheinlich nicht im aktiven Sinn erworben; das meiste davon muß uns auf dieselbe geheimnisvolle Weise gegeben worden sein wie das Bewußtsein. Hinsichtlich ihres Inhalts und ihrer Nützlichkeit machen die Erkenntnisse der Naturwissenschaft nur einen verschwindend geringen Bruchteil unseres natürlichen Wissens aus. Dennoch sind sie Wissen, das in seiner Struktur eine eigene Schönheit besitzt, weil seine Abstraktionen unseren Drang nach besonderer Erkenntnis in höherem Maße befriedigen als es das natürliche Wissen tut, und wir sind mit Recht stolz auf naturwissenschaftliche Erkenntnis, weil wir sie als unsere eigene Schöpfung betrachten können. Sie lehrt uns, klar zu denken, und das Ausmaß, in dem klares Denken uns hilft, unsere Empfindungen zu ordnen, erfüllt unseren Verstand stets von neuem mit wachsender Bewunderung und Achtung. Die Wissenschaft fängt langsam an, das Reich der menschlichen Werte mit einzubeziehen, damit nicht auch die Erinnerung an das verlorengehe, was es bedeutet, Mensch zu sein.

Organisation und Energie sind allgegenwärtig, auf allen Ebenen, wohin man schaut. Auf der des Atoms kann man Organisation und Form oder Ordnung oder was immer die Kräfte sein mögen, die die rotierenden Gruppen kleinster Teilchen in ihrer scheinbaren Solidität zusammenhalten, nicht mehr unterscheiden. Und auf dieser Ebene werden wir nun mit dem Ergebnis der modernen Physik konfrontiert, daß diese kleinsten Teilchen primär elektrische Ladungen sind und daß Masse demnach eine Erscheinungsform von Energie ist. Idealisten haben das oft in der Weise fehlinterpretiert, daß sie glaubten, die Materie sei gleichsam wie durch die Hand eines Magiers weggezaubert worden. Aber nichts konnte weiter von der Wahrheit entfernt sein. Es ist unmöglich, Materie einfach dadurch in Geist zu verwandeln, daß man sie dünn macht. Bischof Berkeleys Ansichten sind zwar nicht zu widerlegen, klingen aber auch nicht überzeugend. Dennoch ist mit der Materie etwas passiert. Sie war nur deshalb von der Form getrennt, weil es allzu einfach erschien. Heute wird uns klar – und das ist ein revolutionärer Wandel –, daß wir sie nicht trennen können. Wir dürfen nicht länger von Form und Materie sprechen und müssen uns statt dessen mit der Vorstellung einer Konvergenz von Organisation und Energie vertraut machen. Denn das größte uns bekannte Molekül und die kleinsten uns bekannten lebenden Teilchen greifen ineinander. Obwohl eine solche Kooperation auf molekularer Ebene, also ganz unten in der Hierarchie, stattfindet, erinnert sie uns unwillkürlich an die freiwillige Zusammenarbeit von Menschen, die sich um die Erhaltung gesellschaftlicher Strukturen auf viel höheren Organisationsebenen bemühen. Die Aufgaben, die Energie und Organisation im Aufbau des Universums und unserer selbst zu erfüllen haben, sind noch längst nicht erschöpft.

Kein Einzelschicksal kann vom Schicksal des Universums getrennt werden. Alfred North Whitehead stellte einmal fest, daß jedes Ereignis, jeder Schritt oder Vorgang im Universum sowohl die Folgen früherer Situationen als auch die Vorwegnahme zukünftiger Möglichkeiten in sich vereinigt. Diese Lehre beruht auf der Annahme, daß der Lauf des Universums sich aus einem vielfältigen, endlosen Komplex von Schritten ergibt, die sich jeweils einer aus dem anderen entwickeln. Deshalb kommen wir trotz aller gegenteiligen Beweise zu dem Schluß, daß es eine beständige, bleibende Energie dessen gibt, was nicht nur den Menschen, sondern alles Leben ausmacht. In der organischen wie der anorganischen Materie regt sich nicht ein einziges Atom, das nicht sein kunstvolles Duplikat im menschlichen Geist hätte. Und der Glaube an die Konvergenz des Lebens mit all seinen verschiedenen Erscheinungsformen schafft sich seine eigene Bestätigung.

Wir beschäftigen uns in dieser Serie mit der einheitlichen Struktur der gesamten Natur. Am Anfang, so steht es in Hesiods *Theogonie* und im Buch der Genesis, herrschte eine ursprüngliche Einheit, ein Zustand der Verschmelzung, in dem später alle Elemente getrennt werden, dann aber wieder zusammenfließen. Aus dieser Einheit tauchen jedoch durch Trennung Teile entgegengesetzter Elemente auf. Diese Gegensätze überschneiden sich oder vereinigen sich wieder, sei es in meteorhaften Erscheinungen oder in einzelnen Lebewesen. Aber trotz der ungeheuren Vielgestaltigkeit der Schöpfung gibt es in der Natur eine allem zugrunde liegende Konvergenz. Und das Gesetz von der Erhaltung der Energie bedeutet ganz einfach, daß es *etwas* gibt, das konstant bleibt. Was für neue Vorstellungen von der Welt wir durch zukünftige Experimente auch gewinnen mögen, wir können doch von vornherein sicher sein, daß etwas unverändert bleiben wird, was wir *Energie* nennen können. Wir sagen heute nicht mehr, das Gesetz der Natur entstamme der Unveränderlichkeit Gottes, aber in dieser sonderbaren Mischung aus Arroganz und Bescheidenheit, mit der die Wissenschaftler die theologische Terminologie zu ersetzen gelernt haben, sagen wir statt dessen, das Gesetz von der Erhaltung sei der physikalische Ausdruck für die Elemente, durch die Natur sich uns begreiflich macht.

Das Universum ist unsere Heimat. Es gibt kein anderes Universum als das allen Lebens einschließlich des menschlichen Geistes, der Verschmelzung des Lebens mit dem Leben. Unser Denken ist dabei, das Urprinzip der Entfaltung dessen herauszuarbeiten, was in aller Materie und allem Geist inbegriffen oder enthalten ist. Unsere Frage lautet: Wird das zentrale Geheimnis des Kosmos, ebenso wie das Wissen des

Menschen darüber und seine Teilhabe daran, enthüllt werden, obwohl es dauernd asymptotisch zurückweicht? Werden wir vielleicht imstande sein zu sehen, wie alle Dinge, große und kleine, in neuem Licht und neugewonnener Bedeutung erstrahlen, alt und doch wieder von Belang, in einem anschaulichen Bild, das einen Bezug zu unserer Zeit und Erfahrung herstellt?

Die kosmische Bedeutung dieses Panoramas wird offenbar, wenn wir es als die Stadien einer Evolution betrachten, die zum Aufstieg des Menschen und seines Bewußtseins geführt hat. Dies ist das neue Plateau, auf dem wir jetzt stehen. Es mag offensichtlich erscheinen, daß die durch tausend Millionen Jahre hindurch aufrechterhaltene Kette von Veränderungen, die mikroskopisch kleine Protoplasmateilchen in die menschliche Rasse verwandelte, dabei eine höhere und gänzlich neue Seinsform hervorgebracht hat, die fähig ist, Mitgefühl, Bewunderung, Schönheit und Wahrheit zu empfinden, und doch ist die eine Form genauso wertvoll und genauso heilig wie die andere. Die gegenseitige Abhängigkeit, die alles mit allem in der Gesamtheit des Seins verbindet, schließt die Mitwirkung der Natur in der Geschichte ein und fordert eine Mitwirkung des ganzen Universums.

Die Zukunft bringt und gibt uns nichts; wir sind es, die sie gestalten und ihr dabei alles, sogar unser Leben geben müssen. Um aber geben zu können, muß man besitzen; und wir besitzen kein anderes Leben, keinen anderen Lebensquell als die Schätze, die wir von alters her gesammelt, in uns aufgenommen, umgesetzt und von neuem geschaffen haben. Wie alle menschlichen Tätigkeiten zieht das Gesetz des Wachstums, der Evolution, der Konvergenz seine Kraft aus einer Tradition, die nicht stirbt.

Hier müssen wir allerdings daran erinnern, daß das Gesetz des Wachstums oder der Evolution sowohl eine schöpferische als auch eine tragische Seite hat. Darin erkennen wir einen Degenerationsprozeß, eine Art Rückbildung. Sei es die Formung der menschlichen Seele oder das Wachstum einer Zelle oder des Universums, immer sind wir nicht nur mit der Erfüllung, sondern auch mit dem Opfer, mit Zunahme und Abnahme, Bereicherung und Verringerung konfrontiert. Freie Wahl und Entscheidung sind notwendige Voraussetzungen für das Wachstum, und jede Wahl, jede Entscheidung schließt bestimmte Möglichkeiten, bestimmte potentielle Realitäten aus. Da aber diese nicht zum Zuge gekommenen Realitäten ein Teil von uns sind, besitzen sie ihr eigenes Recht und folgen einer Eigengesetzlichkeit. Sie müssen sich dafür rächen, daß sie vom Dasein ausgeschlossen wurden. Sie können vergehen und mit ihnen alle potentiellen Kräfte ihrer Existenz, ihrer Kreativität. Oder sie vergehen nicht, sondern verharren unbelebt in uns, verdrängt, lauernd, unheilvoll und jederzeit bereit, verborgen hinter irgendeiner Maske in den Lauf unseres Lebens einzugreifen, aber nicht als dynamische, schöpferische, konvergierende Kraft, sondern als krankhafte, nekrotische Macht. Kommen beide Möglichkeiten zusammen, sind Verkümmerung und sogar Tod in allen Bereichen des Lebens die Folge. Wenn wir aber genug Reife und Weisheit besitzen, um zu akzeptieren, daß Wahl, Entscheidung, Ordnung und Hierarchie ebenso wie das unveräußerliche Recht auf Freiheit und Selbstbestimmung unumgänglich sind, verleiht uns das Gesetz des Wachstums ungeachtet seiner Tragik und Ausschließlichkeit Größe und eine neue moralische Dimension.

»Convergence« widmet sich der Suche nach dem tieferen Sinn in Wissenschaft, Philosophie, Recht, Ethik, Geschichte und Technik, ja im Grunde allen Disziplinen innerhalb eines übergreifenden Bezugsrahmens. Ziel dieser Serie ist es, den Irrtum in jener Form von Wissenschaft aufzudecken, die einen unversöhnlichen Gegensatz zwischen dem Beobachter und dem Beteiligten aufbaut und dabei die Einzigartigkeit jeder Disziplin zunichte macht, indem sie sie aufhebt. Zum Schluß würden wir nämlich alles wissen, aber *nichts verstehen*, weil wir uns letztlich für keine Frage wirklich interessieren würden. Ein weiteres Ziel liegt darin, schonungslos die Grundvoraussetzungen zu überprüfen, auf denen die Arbeit in den verschiedenen Wissensgebieten beruht, und von dort zu den Universalprinzipien vorzustoßen, die die eigentliche Grundlage aller speziellen Kenntnisse sind. Konkrete Beispiele dafür sind etwa Fragen im Zusammenhang mit der philosophischen und moralischen Bedeutung der Modelle in der modernen Physik oder mit dem Problem der rein physikochemischen Vorgänge gegenüber dem in der Biologie geltenden Postulat der Nichtableitbarkeit. Es gibt nämlich eine fundamentale Wechselbeziehung zwischen den Elementen der Natur, zu denen auch der Mensch gehört, die nicht getrennt werden können, die jeweils Bestandteile voneinander sind, die sich einander annähern und sich gegenseitig verändern.

Manche Geheimnisse kennen wir heute; das Geheimnis des Universums – oder zumindest ein Teil davon – und das des menschlichen Verstandes wurden in gewisser Weise aus den Tiefen der Dunkelheit ans Licht geholt. Geist und Materie, Geist und Gehirn haben sich einander angenähert; Raum, Zeit und Bewegung sind versöhnt; Mensch, Bewußtsein und Universum sind vereint, denn die Atome eines Sterns sind die gleichen wie die des Menschen. Wir sind auf der Heimreise, weil wir unsere Konvergenz mit dem Kosmos akzeptiert haben. Wir haben den Beobachter und den Beteiligten in Einklang gebracht. Denn schließlich wissen wir, daß Raum und Zeit Denkmodi sind, aber nicht Umstände, in denen wir leben und unser Dasein verbringen. Religion und Wissenschaft vermischen sich; Gedanke und Gefühl verschmelzen in gegenseitiger Achtung und stärken einander, während sie unserer Erfahrung dessen, was Leben bedeutet, einen neuen Auftrieb geben, sie vertiefen und bereichern. Wir haben die Zeichen der Zeit erkannt.

In der Serie »Convergence« (Konvergenz) sind außer dem vorliegenden Buch im Verlag Columbia University Press, New York, erschienen:
Bernard Lovell, *Emerging Cosmology*, Liebe F. Cavalieri, *The Double-Edged Helix*, Norman O. Newell, *Creation and Evolution*.

Quellennachweis

1. Armstrong, D. M., *A Materialist Theory of Mind*. London 1968
2. Bahm, A. J., *Ethics as a Behavioral Science*. Springfield, Ill., 1974
3. Bell, D., Technology, nature and society. In: *The Frontiers of Knowledge*. The Frank Nelson Doubleday Lectures. Garden City, N. Y., 1975
4. Beloff, J., *The Existence of Mind*. New York 1962
5. Bindra, D., The problem of subjective experience: Puzzlement on reading R. W. Sperry's »A modified concept of consciousness.« *Psychol. Rev.* 77:581–584 (1970)
6. Blanshard, B. und B. F. Skinner (1967), The problem of consciousness – A debate. *Philosophy and Phenomenological Research* 27:317–337. Nachgedruckt in: M. H. Marx und F. E. Goodson, Hrsg., *Theories in Contemporary Psychology*, S. 205–223. New York 1976
7. Boring, E. G., *Sensation and Perception in the History of Experimental Psychology*. New York 1942
8. Brown, L. R., Consultation Column. *InterDependent* 6:1–5 (1979)
9. Bunge, M., Emergence and the mind. *Neuroscience* 2:501–510 (1977)
10. Burhoe, R. W., Values via science. *Zygon* 4:65–99 (1969)
11. Burhoe, R. W., The human prospect and the »lord of history«. *Zygon* 10:299–375 (1975)
12. Carnap, R., Logical Foundations of the Unity of Science. *Encyclopedia of Unified Science*, 1:42–62. Chicago 1938
13. Cattell, R. B., *A New Morality from Science: Beyondism*. New York 1972
14. Dember, W. N., Motivation and the cognitive revolution. *American Psychologist* 29:161–168 (1974)
15. Dobzhansky, T., *Biology of Ultimate Concern*. New York 1967
16. Doty, R. W., Consciousness from neurons. *Acta Neurobiologiae Experimentalis* 35:791–804 (1975)
17. Dubos, R., *So Human an Animal*. New York 1968; (dt.: *Der entfesselte Fortschritt*, Bergisch-Gladbach 1970)
18. Eccles, J. C., *The Neurophysiological Basis of Mind: The Principles of Neurophysiology*. Oxford 1953
19. Eccles, J. C., Hrsg., *Brain and Conscious Experience*. New York 1966
20. Eccles, J. C., The importance of brain research for the educational, cultural, and scientific future of mankind. *Perspectives in Biology and Medicine* 12:61–68 (1968)

21. Eccles, J. C., Brain, speech and consciousness. *Die Naturwissenschaften* 60:167–176 (1973)

22. Eccles, J. C., *The Understanding of the Brain.* New York 1973; (dt.: *Das Gehirn des Menschen*, München 1979⁴)

23. Eccles, J. C., *The Human Mystery.* Gifford Lectures, 1979, Berlin 1978; (dt.: *Das Rätsel Mensch*, München / Basel 1982)

24. Ehrlich, P. R., *The Population Bomb.* New York 1968; (dt.: *Die Bevölkerungsbombe*, München 1971)

25. Eibl-Eibesfeldt, I., *Ethology: The Biology of Behavior.* New York 1975²; (dt.: *Grundriß der vergleichenden Verhaltensforschung – Ethologie*, München 1967)

26. Feigl, H., Unity of science and unitary science. In: H. Feigl und M. Brodbeck, Hrsg., *Readings in the Philosophy of Science*, S. 382–384. New York 1953

27. Feigl. H., The »mental« and the »physical«. In: H. Feigl, M. Scriven und G. Maxwell, Hrsg., *Concepts, Theories, and the Mind-Body-Problem.* Minneapolis 1967

28. Freeman, J. D., Towards an anthropology both scientific and humanistic. *Canberra Anthropology* 1:44–69 (1979)

29. Fuller, J. L. und W. R. Thompson, *Behavior Genetics.* New York 1967⁴

30. Globus, G. G., Consciousness and brain. I. The Identity Thesis. *Archs. Gen. Psychiat.* 29:153–160 (1973)

31. Gray, J. A., The mind-brain identity theory as a scientific hypothesis. *Philosoph. Q.* 21:247–254 (1971)

32. Hardin, G., *Exploring New Ethics for Survival.* New York 1972

33. John, E. R., A model for consciousness. In: G. E. Schwartz und D. Shapiro, Hrsg., *Consciousness and Self Regulation.* New York 1976

34. Jones, W. T., *The Sciences and the Humanities.* Los Angeles 1965

35. Kantor, J. R., Cognition as events and as psychic constructions. *Psychol. Rev.* 28:329–342 (1978)

36. Kluckholm, K., The scientific study of values and contemporary civilization. *Proc. Am. Philosophical Society.* 102:469–376 (1959)

37. Koffka, K., *Principles of Gestalt Psychology.* New York 1935

38. Köhler, W., *Gestalt Psychology.* New York 1929

39. Köhler, W., The mind-body problem. In: S. Hook, Hrsg., *Dimensions of Mind*, S. 15–32. New York 1961

40. Köhler, W. und R. Held, The cortical correlate of pattern vision. *Science* 110:414–419 (1949)

41. Libet, B., Electrical stimulation of cortex in human subjects and conscious sensory aspects. In: A. Iggo, Hrsg., *Handbook of Sensory Physiology*, Bd. 2., New York 1973

42. MacKay, D. M., Cerebral organization and the conscious control of action. In: J. C. Eccles, Hrsg., *Brain and Conscious Experience*, S. 312f, 422–444. Heidelberg 1966

43. MacKay, D. M., Selves and brains. *Neuroscience* 3:599–606 (1978)

44. MacKay, D. M., *Brains, Machines, and Persons*. London 1980

45. Matson, F. W., Humanistic theory: the third revolution in psychology. *The Humanist* (March/April 1971). Nachgedruckt in: P. Zimbardo und C. Maslach, Hrsg., *Psychology of Our Times*, S. 19–25. Glenview, Ill., 1973

46. Mishan, J., *The Costs of Economic Growth*. New York 1969

47. Morgan, C. Lloyd, *Emergent Evolution*. New York 1923

48. Oppenheim, P. and H. Putnam, Unity of science as a working hypothesis. In: H. Feigl, M. Scriven und G. Maxwell, Hrsg., *Minnesota Studies in the Philosophy of Science Concepts, Theories, and the Mind-Body Problem*, 2:3–36. Minneapolis 1958

49. Perry, J. R., Defenses for the mind-brain identity theory: causal differences. *Behav. Brain Sci.* 3:362 (1978)

50. Platt, J., What we must do. *Science* 166:1115–1121 (1969)

51. Polyani, M., *Science, Faith and Society*. Chicago 1964

52. Pols, E., Power and agency. *International Philosophical Q.* 11:293–313 (1971)

53. Pols, E., *Meditation on a Prisoner*. Carbondale 1975

54. Popper, K., *Conjectures and Refutations: The Growth of Scientific Knowledge*. New York–London 1974[5]

55. Popper, K., *Objective Knowledge*. Oxford, London 1979[5]; (dt.: *Objektive Erkenntnis*, Hamburg 1982[3])

56. Popper, K., Natural selection and emergance of mind. *Dialectica* 32:339–355 (1978)

57. Popper, K. und Eccles, J. C., *The Self and Its Brain: An Argument for Interactionism*. New York 1977; (dt.: *Das Ich und sein Gehirn*, München 1984[3])

58. Pugh, G. E., *The Biological Origin of Human Values*. New York 1977

59. Pylyshyn, Z. W., What the mind's eye tells the mind's brain: a critique of mental imagery. *Psychol. Bull.* 80:1–24 (1973)

60. Roszak, T., *Where the Wasteland Ends: Politics and Transcendance in Postindustrial Society*. Garden City, N. Y., 1973

61. Ryazanoff, D., Hrsg., *The Communist Manifesto of Karl Marx and Friedrich Engels*. New York 1963

62. Sawhill, J. C., The role of science in higher education. *Science* 206 (4416):281 (1979)

63. Skinner, B. F., *Beyond Freedom and Dignity*. New York 1971; (dt.: *Jenseits von Freiheit und Würde*, Reinbek bei Hamburg 1973)

64. Skinner, B. F., *About Behaviorism*. New York 1974; (dt.: *Was ist Behaviorismus?*, Reinbek bei Hamburg 1978)

65. Smart, J. J. C., Cortical localization and the mind-brain identity theory. *Behav. Brain Sci.* 3:365 (1978)

66. Snow, C. P., *The Two Cultures and the Scientific Revolution*. New York 1959

67. Sperry, R. W., Neurology and the mind-brain problem. *Am. Sci.* 40:291–312 (1952)

68. Sperry, R. W., Physiological plasticity and brain circuit theory. In: H. F.

Harlow und C. N. Woolsey, *Biological and Biochemical Bases of Behavior*. S. 401–424. Madison 1958

69. Sperry, R. W., Chemoaffinity in the orderly growth of nerve fiber patterns and connections. *Proc. Natl. Acad. Sci.* 50:703 (1963)

70. Sperry, R. W., The great cerebral commissure. *Sci. Amer.* 210:42–52 (1964)

71. Sperry, R. W., Problems outstanding in the evolution of brain function. James Arthur Lecture. American Museum of Natural History, New York. Nachgedruckt in R. Duncan und M. Weston-Smith, Hrsg., *The Encyclopaedia of Ignorance*, S. 423–433. New York 1964

72. Sperry, R. W., Embryogenesis of behavioral nerve nets. In: R. L. Dehaan und H. Ursprung, Hrsg., *Organogenesis*, 6:161–185. New York 1965

73. Sperry, R. W., Mind, brain, and humanist values. In: J. R. Platt, Hrsg., *New Views of the Nature of Man*. Chicago 1965. Gekürzt in *Bull. Atomic Scientists* 22:2–6 (1966)

74. Sperry, R. W., Brain bisection and mechanisms of consciousness. In: J. C. Eccles, Hrsg., *Brain and Conscious Experience*, S. 298–313. New York 1966

75. Sperry, R. W., Toward a theory of mind. *Proc. Natl. Acad. Sci*, 1:230–231 (1969a)

76. Sperry, R. W., A modified concept of consciousness. *Psychol. Rev.* 76:532–536 (1969b)

77. Sperry, R. W., Perception in the absence of the neocortical commissures. In: *Perception and its Disorders*, 68:123–138 (1970a). Association for Research in Nervous and Mental Disease.

78. Sperry, R. W., An objective approach to subjective experience. Further explanation of a hypothesis. *Psychol. Rev.* 77:585–590 (1970b)

79. Sperry, R. W., How a developing brain gets itself properly wired for adaptive function. In: E. Tobach, E. Shaw und L. R. Aaronson, Hrsg., *The Biopsychology of Development*, S. 27–44. New York 1971

80. Sperry, R. W., Science and the problem of values. *Perspectives in Biology and Medicine* 16:115–130 (1972). Nachdruck in *Zygon* 9:7–21 (1974)

81. Sperry, R. W., Mental phenomena as causal determinants in brain function. In: G. Globus, G. Maxwell und I. Sadovnik, Hrsg., *Consciousness and the Brain*. New York 1976a. Nachdruck in Process Studies 5:247–256 (1976)

82. Sperry, R. W., Changing concepts of consciousness and free will. *Perspectives in Biology and Medicine* 20:9–19 (1976b)

83. Sperry, R. W., A unifying approach to mind and brain: Ten year perspective. In: M. A. Corner und D. F. Schwaab, Hrsg., *Perspectives in Brain Research*, Progress in Brain Research Bd. 45. Amsterdam 1976c

84. Sperry, R. W., Bridging science and values: a unifying view of mind and brain. *Am. Psychol.* 32:237–245 (1977a). Nachdruck in: *Zygon* 14:7–21 (1979)

85. Sperry, R. W., Forebrain commissurotomy and conscious awareness. *J. Med. Philos.* 2:101–126 (1977b)

86. Sperry, R. W., Mentalist monism: consciousness as a causal emergent of brain processes. *Behav. Brain Sci.* 3 : 367 (1978)

87. Sperry, R. W., Mind-brain interaction: Mentalism, Yes; Dualism, No., *Neuroscience* 5 : 195–206 (1980). Nachgedruckt in: A. D. Smith, R. Llinas und P. D. Kostyuk, Hrsg., *Commentaries in the Neurosciences.* Oxford 1980.

88. Wann, T. W., Hrsg., *Behaviorism and Phenomenology: Contrasting Bases for Modern Psychology.* Chicago 1965

89. Ward, M. F., The mind-brain issue unsimplified. *Behav. Brain Sci.* 3 : 368–369 (1978)

90. Wilson, D. L., On the nature of consciousness and of physical reality. *Perspectives in Biology and Medicine,* 19 : 568–581 (1976)

Die Wordsworth-Zitate sind entnommen aus:
Reimund Borgmeier, Gedichte der englischen Romantik (englisch-deutsch), Stuttgart 1980.

Danksagung

Ich danke Dr. Ruth Nanda Anshen für die Anregung zu diesem Buch und für ihre redaktionelle Hilfe bei unserem Bemühen, diese Sammlung von Aufsätzen zu einem für den allgemein informierten Leser geeigneten Buch zu vereinen. Unser Dank gilt auch den Herausgebern des Grundlagenmaterials für ihre freundliche Erlaubnis, es in dieser Form und diesem Zusammenhang zu verwenden. Vorausgegangene Zeitschriften- und Buchveröffentlichungen dieser Texte sind unter *Quellennachweis* und *Nachweis der Druckorte* aufgeführt. Die zugrunde liegende Arbeit und Forschung wurden in all den Jahren vom California Institute of Technology über den Frank P. Hixon Fund und durch Förderungsmittel des National Institute of Mental Health großzügig unterstützt. Zuschüsse für spezielle Projekte kamen auch von der National Science Foundation und dem Pew Memorial Trust Fund. Erika Erdmann danke ich für ihre Hilfe bei der Quellenforschung und Lois MacBird für seine tatkräftige Unterstützung bei der Zusammenstellung des Manuskriptmaterials und verschiedenen bibliographischen, labortechnischen und anderen Arbeiten, die über Jahre hinweg während der Entwicklung des Ausgangsmaterials anfielen. Ich danke den zahlreichen Kollegen, Herausgebern, Referenten und anderen für ihre konstruktive Kritik an früheren Entwürfen des Manuskripts – und ganz besonders meiner Frau Norma Gay für ihr wertvolles Feedback, ihre persönliche Unterstützung und ihr fortwährendes geduldiges Bemühen, günstige Arbeitsbedingungen für mich zu schaffen.

Inhalt

Werner Heisenberg

Gesammelte Werke

Herausgegeben von Walter Blum, Hans-Peter Dürr und Helmut Rechenberg

Abteilung C:
Allgemeinverständliche Schriften:

Band I
Physik und Erkenntnis 1927–1955
Ordnung der Wirklichkeit, Interpretation der Quantenmechanik, Atomphysik, Kausalität,
Unbestimmtheitsrelationen u. a. 1984. 453 Seiten. Leinen.

Band II
Physik und Erkenntnis 1956–1968
Gifford-Lectures, Sprache und Wirklichkeit, Abstraktion und Vereinheitlichung, Goethes Naturbild u. a.
1984. 440 Seiten, Leinen.

Band III
Physik und Erkenntnis 1969–1976
Der Teil und das Ganze, Die Bedeutung des Schönen, Naturwissenschaftliche und religiöse Wahrheit,
Elementarteilchen u. a.
1985. 542 Seiten. Leinen

Band IV
Biographisches und Kernphysik
Autobiographisches, Laudationes, Nobelvortrag, Münchner Festrede, Kernphysik, Buchbesprechungen u. a.
(Erscheint Frühjahr 1986)

Band V
Wissenschaft und Politik
Organisation der Forschung, Schule und Studium A. v. Humboldt-Stiftung, Verantwortung des
Wissenschaftlers u. a.
(Erscheint Herbst 1986)

Die »Allgemeinverständlichen Schriften« in fünf Bänden – etwa die Hälfte der Texte wird erstmals
in Buchform veröffentlicht – wenden sich vor allem an naturwissenschaftlich und philosophisch
interessierte Laien. Sie erhalten aufregende Einblicke in das Denken des Nobelpreisträgers.
Das Werk Heisenbergs, das sich an das allgemeine Publikum wendet, umfaßt neben Reden und
Aufsätzen zum Inhalt und zur Deutung der Physik seine Gesamtschau des Naturbildes, wie es sich von
der Antike bis zur Gegenwart entwickelt hat. Darüber hinaus ist von der Organisation der Forschung
und vor allem auch von der Verantwortung des Wissenschaftlers in einer wissenschaftlich-technischen
Welt die Rede. Heisenbergs Schriften sind – wie schon seine erfolgreichen Bücher zeigten – geeignet,
ein großes Publikum zu erreichen. Ihm gelang – wie nur wenigen bedeutenden Naturwissenschaftlern –
die Vermittlung zwischen der modernen Naturwissenschaft und einer interessierten Öffentlichkeit.

PIPER

Bücher zum Thema

John C. Eccles
Das Gehirn des Menschen
Sechs Vorlesungen für Hörer aller Fakultäten.
Aus dem Amerikanischen von Angela Hartung. Völlig überarbeitete und erweiterte Neuausgabe,
5. Aufl., 24. Tsd. 1984. 304 Seiten mit 105 Abbildungen. Kart.

John C. Eccles/Daniel N. Robinson
Das Wunder des Menschseins
Gehirn und Geist.
Aus dem Englischen von Rosemarie Reber-Liske und Birgit Jenner.
1985. 243 Seiten. Geb.

Die Evolution des Denkens
Herausgegeben von Konrad Lorenz und Franz M. Wuketits.
2. Aufl., 6. Tsd. 1984. 393 Seiten. Kart.

Alfred Gierer
Die Physik, das Leben und die Seele
2. Aufl., 8. Tsd. 1985. 310 Seiten mit 19 Abbildungen. Geb.

Morton Hunt
Das Universum in uns
Neues Wissen vom menschlichen Denken.
Aus dem Amerikanischen von Juliane Gräbener.
1984. 478 Seiten mit 78 Abbildungen. Geb.

PIPER

Bücher zum Thema

Charles J. Lumsden/Edward O. Wilson
Das Feuer des Prometheus
Wie das menschliche Denken entstand. Aus dem Amerikanischen von
Hans Jürgen von Koskuil. Vorwort von Wolfgang Wickler.
1984. 299 Seiten mit zahlreichen Abbildungen. Geb.

Karl R. Popper/John C. Eccles
Das Ich und sein Gehirn
Aus dem Englischen von Angela Hartung und Willy Hochkeppel.
Unter wissenschaftlicher Mitarbeit von Otto Creutzfeldt.
5. Aufl., 35. Tsd. 1985. 699 Seiten mit 66 Abbildungen. Geb.

Ilya Prigogine
Vom Sein zum Werden
Zeit und Komplexität in den Naturwissenschaften.
Aus dem Englischen von Friedrich Giese. Überarbeitete und erweiterte
Neuausgabe 1985. 288 Seiten mit zahlreichen Abbildungen. Kart.

Rupert Riedl
Evolution und Erkenntnis
Antworten auf Fragen aus unserer Zeit.
2. Aufl., 12. Tsd. 1985. 360 Seiten. Serie Piper 378

PIPER